O QUE É SER

ASTRÔNOMO

Outros títulos da série:

O QUE É SER ARQUITETO
MEMÓRIAS PROFISSIONAIS DE LELÉ (JOÃO FILGUEIRAS LIMA)
EM DEPOIMENTO A CYNARA MENEZES

O QUE É SER DENTISTA
MEMÓRIAS PROFISSIONAIS DE GUALBERTO NOGUEIRA FILHO
EM DEPOIMENTO A CRISTINA RAMALHO

O QUE É SER DIRETOR DE CINEMA
MEMÓRIAS PROFISSIONAIS DE CACÁ DIEGUES
EM DEPOIMENTO A MARIA SILVIA CAMARGO

O QUE É SER FONOAUDIÓLOGA
MEMÓRIAS PROFISSIONAIS DE GLORINHA BEUTTENMÜLLER
EM DEPOIMENTO A ALEXANDRE RAPOSO

O QUE É SER MAESTRO
MEMÓRIAS PROFISSIONAIS DE ISAAC KARABTCHEVSKY
EM DEPOIMENTO A FÁTIMA VALENÇA

O QUE É SER MÉDICO
MEMÓRIAS PROFISSIONAIS DE PAULO NIEMEYER FILHO
EM DEPOIMENTO A LILIAN FONTES

ASTRÔNOMO

Memórias profissionais de
Ronaldo Mourão

em depoimento a
Jorge Calife

EDITORA RECORD
RIO DE JANEIRO • SÃO PAULO

2004

CIP-Brasil. Catalogação-na-fonte
Sindicato Nacional dos Editores de Livros, RJ.

M891o Mourão, Ronaldo Rogério de Freitas, 1935-
   O que é ser astrônomo: memórias profissionais de Ronaldo Mourão; em depoimento a Jorge Calife. – Rio de Janeiro: Record, 2004.
   . – (O que é ser)

   Apêndice
   ISBN 85-01-06737-7

   1. Mourão, Ronaldo Rogério de Freitas, 1935- . 2. Astrônomos – Brasil – Biografia. 3. Astronomia. I. Calife, Jorge Luiz, 1951- . II. Título. III. Série.

03-0631
   CDD – 925.2
   CDU – 929MOURÃO, RONALDO R. F.

Copyright © Ronaldo Mourão e Jorge Calife, 2004

Capa: MARCELO MARTINEZ
Projeto gráfico: PORTO + MARTINEZ

Fotos da 1ª capa e lombada: Cristina Lacerda

Direitos exclusivos desta edição reservados pela
DISTRIBUIDORA RECORD DE SERVIÇOS DE IMPRENSA S.A.
Rua Argentina 171 – Rio de Janeiro, RJ – 20921-380 – Tel.: (21) 2585-2000

Impresso no Brasil

ISBN 85-01-06737-7

PEDIDOS PELO REEMBOLSO POSTAL
Caixa Postal 23.052
Rio de Janeiro, RJ – 20922-970

EDITORA AFILIADA

SUMÁRIO

Apresentação	7

Parte 1 — Ao encontro das estrelas

O cometa em Copacabana	13
Descobrindo o céu	21
Olhando para Marte	29
Navegando pelos planetas	39
Estrelas duplas visuais	45
Champanhe, asteróides e estrelas duplas	48
Não existe neutralidade na pesquisa científica	55
De Paris ao Pic-du-Midi	57
De olho nas nuvens	59
Inovações tecnológicas	63
Os mistérios da Lua	68
O companheiro invisível	74
No rastro dos cometas	78
A agradável tarefa de descobrir asteróides	83
Para ser astrônomo	87
As áreas de pesquisa	91
A astronomia através do tempo	96
O futuro da astronomia	99

Parte 2 — A ética na astronomia

Uma questão de ética	109
As pedras no caminho	111
Óvnis e conspirações	112
Vassouradas do Jânio	114

Observatório astrofísico de Brasópolis	116
Os piores e os melhores momentos	119
Ficha técnica	125
Obras publicadas	131
Instituições de ensino	137

APRESENTAÇÃO

Meu primeiro contato pessoal com o astrônomo Ronaldo Rogério de Freitas Mourão foi em 1985, na redação do *Jornal do Brasil*. Ronaldo assinava uma coluna semanal, "Astronomia e astronáutica", e eu, recém-saído da faculdade, começava minha carreira de jornalista especializado em temas científicos. Das nossas conversas sobre as últimas novidades no mundo das estrelas surgiu uma longa amizade e foi com grande satisfação que aceitei o convite para escrever este livro junto com o Ronaldo.

Ronaldo Mourão sempre foi o meu guia nas minhas contemplações do céu estrelado. Antes de conhecê-lo pessoalmente eu já usava o seu *Atlas celeste* para localizar as principais estrelas e constelações no céu do Rio de Janeiro. Hoje, quase vinte anos depois, aquele livro continua comigo e eu sempre recorro aos seus mapas quando preciso saber se Procion ou Altair vão estar visíveis em determinada noite.

Durante toda a minha carreira como jornalista, Ronaldo sempre foi uma fonte de informações segura e absolutamente confiável. Em 1986, quando a maioria dos astrônomos se deixava levar pela fantasia, prevendo um espetáculo deslumbrante na passagem do cometa Halley, Ronaldo Mourão foi o único a advertir que o cometa seria uma decepção. Quem não acreditou nele gastou dinheiro em excursões de avião para ver um cometa que se revelou muito pálido, quase invisível.

A mesma coisa tinha acontecido em 1973, quando a revista *Time* anunciou que o cometa Kohoutek apareceria 50 vezes mais brilhante do que o Halley, e Mourão, sempre realista, discordou, afirmando que "se fosse cinco vezes mais brilhante do que o Halley já seria um grande espetáculo". A *Time* estava errada e o Kohoutek foi outro fiasco. Porém o mais belo cometa que já vi em minha vida, eu contemplei seguindo as indicações do Ronaldo. Foi o cometa West, que vi no céu da alvorada, num amanhecer no alto de uma colina num subúrbio do Rio de Janeiro, no início de 1976. Num tempo em que ainda era possível subir um morro do Rio de Janeiro para contemplar cometas sem arriscar a vida. Os depoimentos para este livro foram colhidos num ambiente muito familiar. Na grande biblioteca da casa de Ronaldo Mourão, junto ao campus do Observatório Nacional, em São Cristóvão, bem perto do lindo Museu de Astronomia que ele lutou tanto para criar. Em meio a centenas de livros raros, velhas lunetas e instrumentos astronômicos, nossa conversa fluiu tranqüila, e o resultado é este texto único. Aqui o leitor, além de descobrir o que faz um astrônomo e como é o seu processo de formação, vai conhecer também os bastidores da astronomia. Os problemas de relacionamento humano e as disputas que às vezes acontecem dentro dos laboratórios.

Não é possível deixar de notar uma curiosa coincidência. Ronaldo começou sua carreira de astrônomo observando o planeta Marte em 1956, durante uma de suas grandes oposições — os períodos em que Marte mais se aproxima da Terra. E este livro foi confeccionado em 2003, durante outra grande oposição de Marte, com o brilho avermelhado do planeta dominando novamente o céu. Muita coisa interessante aconteceu no intervalo entre essas duas visitas do planeta vermelho, e o texto de *O que é ser astrônomo* conduzirá o leitor a esta viagem pelo espaço e pelo tempo. Das cúpulas do Observatório Nacional aos planaltos dos Andes chilenos. Das maravilhas do espaço estrelado à luta para a criação do Museu de Astronomia. Boa viagem.

Jorge Calife

O CÉU

Na quietude da sala, em um dia qualquer,
eu conversava com Ronaldo Rogério de Freitas Mourão,
seguidor dos árabes.
O céu veio à conversa.
O espaço dilatou-se
e uma luz diferente,
vermelha, branca,
alaranjada,
pousou em nossas peles e palavras.
Senti que estava perto Betelgeuse,
e Antares e Aldebarã
ocupavam espaço incomensurável na sala restrita.
Tinha à minha frente as três Zuhan
— El-Gaubi, El-Schmali, El-Ekiribi,
Nada me atraía mais do que Zamiah,
que fulgiu e sumiu deixando em seu lugar
Merope, Celaene.
Completamente banhado por Sírius e cercado pelas sete Plêiades,
Já me desfizera de tudo que é superfície e cuidado e limitações
para viver entre objetos celestes.
— Procyon — exclamei, e Ronaldo apontou
para o clarão de Alumadin.
Vi Margarita, Fomalhaut, no desdobramento abissal
o desfile de corpos ambíguos, intermitentes, enigmáticos.
O céu, o infindo firmamento,
girava em função do verbo solto,
por acaso, na conversa de ignorante e de astrônomo.

Carlos Drummond de Andrade
(*Corpo*, Rio de Janeiro, Record, 1984, pp. 77-78)

PARTE 1
AO ENCONTRO DAS ESTRELAS

O COMETA EM COPACABANA

Os antigos magos e místicos acreditavam que os astros podiam influenciar a vida das pessoas por meio de conjunções e alinhamentos mágicos. A ciência mostrou que isto não é verdade. No entanto, às vezes — muito raramente — um astro pode marcar a vida de uma pessoa unicamente com o poder de sua beleza, provocando um assombro e um encantamento que duram uma vida inteira.

A história do meu envolvimento com a astronomia, com a ciência das estrelas, começa muito tempo atrás, num lugar muito distante. Vamos usar a nossa imaginação para viajar até esse lugar maravilhoso, incrivelmente distante do mundo que conhecemos e dos problemas da nossa vida diária.

Imagine que pudéssemos pegar carona em uma sonda espacial, rumando para o espaço profundo entre as estrelas distantes. A Terra azul e a Lua cinzenta logo ficariam para trás, sumindo no brilho dourado do Sol. Passaríamos pelo planeta Marte, com seus desertos alaranjados açoitados por tempestades de areia. Depois contornaríamos o imenso Júpiter, com suas luas de fogo e gelo: Io, com seus vulcões de enxofre borbulhante, e Europa, com seu oceano congelado. De lá voaríamos para Saturno, uma enorme bola alaranjada de gases cercada por lindos anéis de cristais de gelo.

Sobrevoando os mundos azuis de Urano e Netuno, começaríamos a penetrar no frio e na escuridão do espaço interestelar. Em Plutão, olharíamos para trás e perceberíamos que o Sol se tornara apenas uma estrela muito brilhante, uma bolinha de luz encolhida, incapaz de nos fornecer qualquer calor. À nossa volta a Via-Láctea desenharia um arco de fosforescência pálida, leitosa, marcando os contornos das nuvens de estrelas de nossa galáxia. Nesse ponto teríamos alcançado o nosso destino, o vazio gelado e negro da nuvem de cometas que cerca o nosso sistema solar. Os astrônomos chamam esse lugar misterioso de nuvem de Oort. Milhares de cometas adormecidos deslizam nesse vazio. Montanhas escuras de gelo cinzento e poeira, *icebergs* cósmicos ocultos na escuridão, iluminados apenas pelo brilho pálido das estrelas distantes. A maior parte da humanidade os ignora enquanto eles hibernam anônimos, inalterados desde que o mundo se formou. Às vezes, porém, o suave toque do campo gravitacional de uma estrela que passa envia uma dessas montanhas volantes em direção ao brilho dourado do Sol. E o cometa pode acabar preso em uma órbita que o leve até as vizinhanças do mundo dos homens, provocando temor e admiração nas pessoas.

Foi o que aconteceu com o Halley, o mais famoso dos cometas. Uma vez a cada 76 anos ele visita a Terra, passando por uma metamorfose maravilhosa. À medida que se aproxima da luz e do calor do Sol o cometa desabrocha. Como uma crisálida transformando-se em borboleta, a ilha voadora de gelo e poeira escura torna-se uma aparição luminosa. Depois de passar pela órbita de Saturno, o Halley começa a receber calor suficiente para evaporar os gases e lançar no espaço ao seu redor a poeira contida em seu interior. Uma atmosfera leitosa se forma em volta da ilha celeste, a coma. O vento solar empurra os gases e as partículas para trás, e o cometa ganha um véu de luz que se desenrola em filigranas delicadas ao longo de milhões de quilômetros.

Em 1910 a humanidade viu o Halley passar por essa metamorfose luminosa enquanto se aproximava de nosso planeta. Foi uma experiência que provocou reações extremas. Muitos tinham medo do cometa. Ficaram sabendo que o astrônomo francês Camille Flammarion comentara que a humanidade poderia ser envenenada pelos gases do Halley. Afinal, a Terra iria passar dentro da cauda fosforescente do cometa. Mas nem todos deram atenção a essas previsões sinistras. Muitos receberam o cometa de olhos bem abertos, desfrutando o espetáculo que ele oferecia a cada anoitecer, à medida que deslizava para contornar o Sol.

Minha mãe, Dolores Machado Mourão, era uma dessas pessoas privilegiadas. Ela morava em Oliveira, Minas Gerais, e nunca se esqueceu da beleza do Halley em 1910. Eu nasci muito tempo depois, no Rio de Janeiro, em 25 de maio de 1935. E ainda criança ouvia minha mãe contar com detalhes a sua visão do grande cometa. Meu pai, Antonio Caetano de Freitas Mourão, era médico, clínico geral e pediatra. Ele se sentia frustrado porque mamãe tinha visto o cometa Halley e ele não. Ele não viu o Halley porque minha avó paterna dizia que aquilo não era coisa para criança ver. Papai passou a infância em Bonsucesso, também em Minas Gerais, e quando anoitecia e o cometa ficava visível no céu, ele era proibido de sair para ver. "Isso é perigoso, criança não pode ver", dizia minha avó. Naquela época o povo tinha muitas superstições em relação aos cometas.

Na casa da minha mãe a família era mais aberta a essas coisas e permitiu que ela visse o Halley. E sempre que os jornais anunciavam a aparição de um novo cometa no céu, minha mãe descrevia com grande entusiasmo a beleza que fora a sua visão do Halley. Isso deixava meu pai com uma grande frustração, mas também um fascínio por cometas que ele acabou passando para mim.

A cada novo cometa que era anunciado, mamãe dizia: "Vamos ver se este será igual ou superior ao que eu vi em 1910, e que leva 76 anos para voltar." Eu pedia a ela para telefonar para o Observatório Nacional. Estava com sete anos e achava que se falasse ao telefone com voz de garoto, ninguém ia me dar atenção. Mamãe ligava e falava com o astrônomo-chefe, na época o Domingos Costa, que dava as informações sobre a hora em que o cometa apareceria e sua posição no céu. Ele também informava qual era o melhor local do Rio de Janeiro para observá-lo.

O primeiro cometa que eu vi foi o Kock-Paraskevopoulos, em 1941. Lembro-me bem disso. Estava abraçado ao meu pai, que, com o braço estendido, apontava para o céu: "Olha lá o cometa." Mais tarde identifiquei esse cometa, o primeiro da minha vida, e dediquei ao meu pai um de meus livros, *Como observar e fotografar o Halley* (1986), pelo entusiasmo que ele me transmitiu. Mas naquele tempo eu ainda não tinha decidido ser astrônomo.

Quando criança eu assisti à construção dos primeiros edifícios em Copacabana e achava que seria engenheiro civil, construtor de prédios. Isso tinha uma certa aprovação na minha família. Éramos três filhos, três irmãos. Mamãe achava que um devia ser militar, que ela considerava uma profissão de futuro; o outro devia ser advogado e o terceiro — o caçula — devia ser médico ou engenheiro. Seus filhos podiam seguir uma dessas quatro profissões, que ela julgava as melhores para garantir um futuro seguro.

Eu fui alfabetizado num colégio que ficava em frente à minha casa, ali na Rua Francisco Sá, em Copacabana. Esse colégio aplicava um novo método de ensino. Não aprendíamos pela alfabetização clássica e sim pela leitura integral das palavras do texto. Para não perturbar o ensino, era proibido levar os livros para casa. Eu guardo boas impressões desse primeiro colégio, no sentido de que ele me deu uma noção de higiene pessoal muito grande, coisas que até hoje eu sigo. Lembro-me de que o aluno precisava ter sempre um lenço no bolso da calça, precisava estar com as mãos limpas e as unhas aparadas, os cabelos penteados, apresentando-se sempre impecável. Ao chegarmos à escola, a primeira atividade era a inspeção dos alunos. Era tão importante se apresentar bem que isso acabou me marcando para o resto da vida. Até hoje sinto-me mal se esqueço o lenço.

Mas o problema é que um dia levei o livro para casa. Já gostava de livros. Por que não levá-lo comigo para passar o fim de semana? A professora dizia à minha mãe que eu estava avançando, aprendendo tudo. Quando cheguei em casa com o livro, minha mãe escolheu um texto e me deu para ler. "Já que o livro está aqui, você vai ler para mim." Eu comecei a ler a história, que fazia referência a bolas coloridas. Ela logo percebeu que eu trocava as cores das bolas. Para se assegurar do meu conhecimento, ela perguntou: "Que palavra é essa aqui?" Eu não sabia ler todas as palavras, tinha decorado o livro. Reconhecia os textos pelas figuras de cada lição. Não estava realmente aprendendo nada. Então minha mãe me tirou de lá, e eu fui aprender o bê-á-bá convencional com a minha avó. Ela tinha sido professora em Oliveira e disse: "Deixa que eu me ocupo do Ronaldo." Foi só então que eu comecei a aprender a ler. Tenho um reconhecimento muito grande pela paciência da minha avó Regina, a quem dediquei mais tarde o livro *Astronomia popular* (1960).

Na verdade, eu tinha a ilusão de que sabia ler e não sabia. Por isso hoje eu não valorizo nada que seja na base da *decoreba*. Tenho uma memória relativamente boa, mas não acho que a memorização seja fundamental na vida. O importante é o raciocínio, assim como todo conhecimento obtido através da compreensão. Depois desse episódio, fui estudar num colégio de padres, o Guido de Fontgalland, na Rua Barão de Ipanema, ao lado da Igreja São Paulo Apóstolo. Nessa época eu era um garoto muito religioso.

Estudei um certo tempo nesse colégio. Mamãe achava que seus filhos precisavam saber escrever muito bem, ela considerava a capacidade de bem escrever a principal arma, a mais importante depois do raciocínio e da capacidade de argumentar numa discussão. Minha mãe admirava toda atividade cultural e científica, em particular os grandes escritores e os grandes oradores. Meu primeiro nome é uma homenagem ao escritor Ronald de Carvalho, assessor de Getúlio Vargas, que havia morrido em um acidente automobilístico poucos meses antes do meu nascimento. Para ela, era fundamental na vida saber escrever, expor as idéias. E nesse ponto ela exigia muito da gente. Nós tínhamos professores em casa para complementar as aulas do colégio. Na época, as melhores escolas eram as públicas. Como eram muito disputadas, minha mãe resolveu que era preciso uma professora para acompanhar os três filhos: meus irmãos Rodrigo, Virgílio, o mais velho, e eu. A presença dos professores se justificava porque meus irmãos eram muito displicentes em relação aos estudos. Como os professores vinham em casa, eu também era obrigado a assistir às aulas particulares deles.

O Rodrigo esteve muito doente no início e perdeu um ano de estudos. Ele tinha problemas de pulmão, e naquela época havia um medo muito grande da tuberculose. Então, quando Rodrigo ficou doente, meu pai, que era médico, disse: "Não tem problema, ele perde um ano de estudo mas depois recupera." Com esse atraso, meu irmão acabou indo estudar comigo no Colégio Notre Dame, na Rua Barão da Torre, em Ipanema. Minha mãe, entusiasmada com a cultura inglesa, em especial com a norte-americana, resolveu então me matricular nesse colégio de irmãs, onde fiz minha primeira comunhão.

Ipanema era um bairro muito bonito naquela época, só tinha casas. Era muito arborizado, como toda a cidade do Rio de Janeiro. Quem conheceu a nossa metrópole naquele tempo tem saudade. Hoje podem falar que Ipanema é isso e aquilo, mas não é a mesma coisa, até as praças eram mais bonitas. Não é saudosismo não. Eu lamento que os nossos prefeitos não tenham conservado o aspecto que a cidade tinha.

O Notre Dame era um colégio misto até o quarto ano do curso primário. A quinta série e o ginásio eram só para as meninas. Nas salas de aula, os meninos ficavam de um lado e as meninas de outro, separados. Ainda lembro que a primeira namorada que eu tive foi nesse colégio. Ela morava exatamente no primeiro prédio de Copacabana, construído na esquina da Avenida Nossa Senhora de Copacabana com a Rua Francisco Sá. Ela me telefonava. Como não podíamos namorar no colégio, a gente namorava pelo telefone e se via de longe durante as aulas. O que mais me atraía no colégio era a sessão de cinema todas as quintas-feiras. À noite, minha mãe me pedia para contar o filme.

Era o período da Segunda Guerra Mundial, e eu estudei em regime de semi-internato lá. Minha mãe achava importante o fato de que, além de ser um colégio católico, ele ensinasse inglês. Ela já previa a importância que isso iria ter no futuro. Mamãe foi normalista, estudou piano durante dez anos e formou-se como pianista. Cantava e tocava violão. E sabia tanto francês quanto inglês, que ela nos ensinava, complementando os nossos estudos.

Nessa época eu comecei a gostar de ler. Mas a maioria dos livros que meu pai tinha em casa era de medicina. Entre os livros de literatura dos quais me recordo até hoje estão *Cartas* de Machado de Assis e de Euclides da Cunha. Havia um outro livro de que eu me lembro muito: era a história do Chalaça, em que o áulico luso-brasileiro Francisco Gomes da Silva relatava as conquistas amorosas de Dom Pedro I. Outra obra foi o *Livro de San Michele* (1929), escrito por um médico sueco, Axel Munthe.

No início dos anos 40 minha mãe comprou o laboratório farmacêutico Áquila, que teve grande influência em minha carreira. Eu gostava de ir lá, ver as balanças e aqueles equipamentos de química. Também comecei a me interessar pela eletrônica. Queria construir rádios; cheguei a montar um rádio de galena. Comprava revistas técnicas, como a *Antena*, e acessórios eletrônicos para fabricar um radiotransmissor a fim de ser um radioamador, atividade que era apreciada na época, como é a informática atualmente. Procurei os livros de eletricidade na biblioteca de meu pai, encontrei obras muito ultrapassadas que estimularam indiretamente meu interesse pela história da ciência e da técnica.

Meu gosto pela pintura e pelo desenho nessa época me fez pensar em trocar a engenharia pela arquitetura, e imaginava: "Ah, não vou ser engenheiro não, vou ser arquiteto!" Depois eu e meu irmão fomos para o Colégio Santo Agostinho, no Leblon, meu último colégio católico. Minha mãe teve uma grande desilusão quando o padre chamou-a no fim do ano e entregou-lhe uma cópia das provas a que seríamos submetidos. Ele queria garantir um bom desempenho dos alunos do colégio no seu primeiro ano de funcionamento. Mamãe achou que isso não era bom e resolveu não me matricular mais em colégios religiosos. Eu e meu irmão fomos para o Colégio Mello e Souza, onde fiz a admissão ao curso ginasial e estudei até o segundo ano.

Nessa época começava a minha adolescência, e nos mudamos da Rua Francisco Sá, em Copacabana, onde eu passara toda a minha infância, para a Rua Conde de Irajá, em Botafogo, onde ficava o laboratório farmacêutico. Como passamos a morar perto do Colégio Andrews, que era na Praia de Botafogo, meus pais resolveram me matricular lá no terceiro ano do ginásio. Era uma das escolas que tinham os melhores professores e o melhor ensino.

A mania da eletrônica enfrentou uma oposição muito grande lá em casa. Meus pais diziam: "Você não pode! O que você vai ser na vida, um eletrotécnico? Você tem que fazer engenharia, cursar uma universidade." Naquela época ainda não existia a engenharia eletrônica.

O gosto pela pintura também foi combatido. "Isso é loucura. Você vai ser o quê? Pintor? Artista não consegue ganhar a vida. Vai ser técnico em rádio? Vai viver consertando rádios?" A Segunda Guerra Mundial tinha terminado e eu estava dividido entre a eletrônica e a pintura. Aí eu vejo um anúncio de um curso por correspondência sobre caricaturas. Como eu gostava de desenhar, inscrevi-me e fiz o curso até o fim, aprendendo a desenhar caricaturas. A mania da eletrônica continuava, eu já tinha construído um rádio de galena e agora queria construir um receptor. Queria ser radioamador e ficava ouvindo as faixas de radioamadores. Depois essas manias da adolescência passaram.

DESCOBRINDO O CÉU

"É triste esquecer um amigo.
Nem todo mundo tem amigo."

Antoine de Saint-Exupéry (1900-1944),
O pequeno príncipe

Em 1947 eu estava com 12 anos quando ocorreu o eclipse total do Sol, visível em Bocaiúva, Minas Gerais, e eu colecionei todos os jornais que tinham notícias sobre o eclipse. Fiz desenhos de como seria a ocultação do Sol pela Lua e preparei uma série de filtros com vidro enfumaçado.

Existem dois tipos de eclipses, os da Lua e os do Sol. Nos eclipses da Lua, é a sombra da Terra que se projeta sobre a Lua, e eles podem ser observados sem qualquer proteção. Mas nos eclipses solares a Lua passa diante do Sol, projetando uma sombra na Terra, e é preciso proteger os olhos da intensidade da luz solar.

Eu pegava um vidro e cobria com fuligem de uma vela para fazer um filtro protetor. Mas diziam que nem isso seria suficiente para proteger os olhos, seria preciso colocar uma lâmina de água entre as duas placas de vidro escurecido. Eu construí essa aparelhagem toda. Lamentavelmente, não observei o eclipse. Choveu no Rio de Janeiro.

Para os astrônomos profissionais, os eclipses do Sol são ocasiões importantes para o estudo das camadas externas de gases quentes, plasmas superaquecidos que envolvem o astro. A observação dos eclipses solares também permitiu comprovar a Teoria da Relatividade de Einstein, mostrando que a luz das estrelas é desviada pela gravidade do Sol. Isso foi feito em Sobral, no Ceará, durante o eclipse total do Sol em 1919. Hoje esse conhecimento de que a gravidade provoca uma curvatura no espaço é a base de toda a teoria sobre os buracos negros e outros astros muito densos. Mas em 1947 eu era apenas um apaixonado pela astronomia, querendo ver a Lua passar na frente do Sol.

Foi nessa época que eu também construí a minha primeira luneta, com lentes de aumento obtidas nas lojas que vendem óculos, e comecei a ler muito sobre astronomia. A revista *Seleções*, que todo mundo tinha em casa, vinha quase sempre com artigos sobre astronomia. Eu li um artigo sobre a origem do Universo e comecei a falar muito sobre os astros. Conversei com minha tia Dudu — Augusta Machado Caldeira —, irmã de minha mãe, e ela me deu de presente os dois primeiros livros sobre astronomia. Essas duas obras do grande astrônomo inglês James Jeans (1877-1946) — *O Universo através do tempo* (1929) e *O Universo misterioso* (1930) —, publicadas no Brasil pela Companhia Editora Nacional, tiveram uma grande influência no meu encaminhamento para a astronomia. Ao contrário da maioria das pessoas daquela época, que liam as obras do escritor e astrônomo francês Camille Flammarion (1842-1925), segui um outro caminho, fui conduzido ao mundo dos astros pela visão objetiva e pragmática de James Jeans.

Na época em que freqüentava o laboratório Áquila, encontrava-me com Evandro Caldeira, filho de minha tia Dudu, que era funcionário do Banco do Brasil mas interessava-se muito por tudo que se relacionava com os avanços científicos. Foi pelas suas mãos que li o livro *Arquiteto de idéias*, publicado pela Editora Globo, de Porto Alegre, no qual eram descritas as grandes teorias dos conhecimentos científicos, da teoria atômica do físico inglês John Dalton (1766-1844) à teoria da evolução de Charles Darwin (1809-1882), das teorias da psicanálise de Sigmund Freud (1856-1939) à teoria heliocêntrica de Nicolau Copérnico (1473-1543). Foi com o Evandro que iniciei um projeto que não foi adiante: a edição de um pequeno jornal — *O Carioca* —, que não passou do primeiro número.

Meu pai continuava convencido de que eu ia ser médico. Ele era um médico idealista, do tipo que quase não existe mais hoje em dia. Não gostava de cobrar, e quando cobrava, era de acordo com as posses do doente. Se a pessoa fosse pobre, ele atendia de graça e ainda dava os remédios que recebia dos laboratórios como amostra grátis. Papai tinha uma clientela muito boa, mas, como não gostava de cobrar, vivia com problemas financeiros. Quando a situação apertava, quem saía para entregar as contas na residência dos clientes era o meu irmão mais velho, e, na sua ausência, a cobrança ficava aos meus cuidados. Ia à casa das pessoas, apresentava a conta e recebia.

Papai era uma espécie de "médico de família", como se dizia na época. Atendia a maioria dos clientes em domicílio, raramente os doentes iam ao seu consultório, instalado num prédio na Rua Francisco Sá, praticamente em frente à nossa antiga residência.

Em casa havia, além da biblioteca com livros de medicina, duas estantes cheias de remédios, amostras grátis que meu pai recebia dos laboratórios farmacêuticos. Logo ele percebeu que eu era o filho mais calmo e mais interessado em auxiliá-lo, então passou a solicitar a minha presença. Se precisasse encontrar um remédio e não achasse, imediatamente ele me fornecia o nome e uma descrição sumária da caixa. Lá ia eu procurá-lo. Remexia naquilo tudo e acabava encontrando. No consultório ele fazia até mesmo pequenas cirurgias. Nestas ocasiões, às vezes papai pedia que eu fosse servir de assistente. E ele dizia: "Fica atrás de mim, Ronaldo, que eu vou abrir um panarício e pode espirrar em você."

Mas eu só servia de enfermeiro porque meus irmãos fugiam nessa hora. Eles não queriam ver nada daquilo, ficavam assustados, sumiam, e papai só podia contar comigo para ajudá-lo. Tudo isso, e ainda mais o meu interesse pelo desenho e a pintura, foi criando na mente de meu pai a impressão de que eu ia seguir medicina. "Você é muito calmo, Ronaldo, você vai dar um bom médico. É preciso ser paciente para melhor escutar os doentes e fazer um bom diagnóstico. E ainda mais, você tem muita habilidade com as mãos. Você poderá ser um cirurgião. Um dos setores da medicina mais bem remunerados é a atividade de cirurgião. Eles ganham muito bem."

Mas a medicina, na realidade, foi para mim a satisfação de adquirir cada vez mais conhecimentos. Como não havia outra ciência para estudar, não tinha acesso a outros livros, eu acabava lendo os livros de medicina de meu pai. Também lia as propagandas dos novos remédios que chegavam, fazia perguntas, conversava com papai, e ele ficava com a ilusão de que eu ia ser médico.

Minha decisão final de seguir a carreira de astrônomo foi tomada no Colégio Andrews, por influência de um amigo e colega de turma, o Roberto Abreu Fialho do Nascimento Gurgel, neto de dois grandes médicos: um era oftalmologista e o outro, pediatra.

Roberto sentava-se ao meu lado na sala de aula. Ele também gostava de ciência em geral, em particular de astronomia, ficção científica, literatura e poesia. Éramos muito tímidos e ficávamos conversando sobre as meninas na hora do recreio. Naquele tempo não havia esse erotismo explícito de hoje, e nós gostávamos de admirar os pés das garotas, era a única coisa que podíamos admirar sem que elas percebessem.

Como Roberto gostava de astronomia, conversávamos muito sobre os últimos avanços astronômicos, relacionando-os com as idéias de ficção científica, pela qual o Roberto era aficionado e, desse modo, ele me estimulou muito. Emprestou-me um livro, *Viagem à aurora do mundo* (1939), do escritor gaúcho Érico Verissimo — uma das primeiras obras-primas de ficção científica da literatura brasileira —, que contava a história de uma família e de alguns cientistas. Um deles construiu um telescópio capaz de decompor a luz das estrelas, detectando os seus planetas. Assim era possível visitá-los em diferentes eras da sua história geológica. Essa espécie de luneta funcionava como uma máquina do tempo, por intermédio da qual Verissimo permitiu que os seus leitores viajassem através da história paleontológica do nosso planeta. O que eu mais admirei no livro foi a figura do astrônomo. Foi aí que eu disse para mim mesmo: "Vou estudar astronomia." Na verdade, o livro passava uma idéia falsa de que o astrônomo deveria ser um sábio, com conhecimentos sobre tudo. E eu fiquei pensando que para ser astrônomo eu teria que estudar matemática, física, filosofia, biologia, paleontologia, saber de tudo em profundidade, como o personagem do Verissimo. Assim, só poderia concluir meus estudos aos quarenta anos. Criança tem cada idéia — pelo menos naquela época.

Roberto também me emprestou os livros do escritor francês Júlio Verne (1828-1905), em especial os que relatavam as viagens à Lua. Aliás, convém lembrar que quando eu ia de carona para a casa dele estudar depois da escola, aproveitávamos para ficar folheando as obras raras de grande importância científica e artística, como a edição do século XVIII da *Histoire naturelle*, do naturalista e escritor francês George Buffon (1707-1788). Além das belíssimas ilustrações sobre a flora e a fauna, o que mais me atraía era o capítulo dedicado à origem do mundo. Ao lado desses livros belos e valiosos, a biblioteca da mãe do Roberto tinha um livro que devia valer uma fortuna: um exemplar do *Mein Kampf*, com o autógrafo de Adolf Hitler. O gabinete e a biblioteca do pai do Roberto, no segundo andar de sua residência, na Lagoa, eram a nossa grande distração depois que terminávamos os deveres de casa. Eu ia lá estudar as matérias da escola e acabávamos lendo coisas que não tinham nada a ver com o currículo.

Um dia a mãe dele me disse: "Você gosta de astronomia? Passa lá no Ministério da Justiça, que na biblioteca tem uns livros de astronomia. Infelizmente, são quase todos em italiano." E eu fui lá, comprei um dicionário de italiano, ficava lendo os livros que achava mais interessantes. Tinha um muito interessante do astrônomo Mentore Maggini (1890-1941) sobre o planeta Marte — *Il pianeta Marte* (1939) — que me atraiu muito na época. E outro do astrônomo Alfonso Fresa, *La Luna* (1952). Além dessas obras, li algumas páginas do livro *Scritti sulla storia della astronomia antiga* (1925), do escritor e astrônomo Giovanni V. Schiaparelli (1835-1910), que em 1877 descobriu os célebres canais do planeta Marte, cuja existência alimentou por mais de meio século a idéia dos marcianos. Essas são algumas das recordações mais valiosas e alegres do meu tempo de ginásio. Era um período difícil, meu pai não tinha muitos recursos. Não era fácil adquirir os livros que mais me interessavam, pois a maioria, além de cara, não era escrita em português.

Quando não tínhamos a última aula, eu e o Roberto íamos para a Sears (hoje Botafogo Praia Shopping), onde tomávamos um copo de Coca-Cola numa máquina automática —uma novidade que dava um gosto especial à bebida —, depois íamos namorar as capas dos *pocket books*. Às vezes eu deixava de tomar a minha Coca para adquirir um livro. Entre eles, *The world of Copernicus* (1951), do historiador de astronomia inglês Angus Armitage (1902-1976), e *Life on other worlds* (1952), do astrônomo real H. Spencer Jones (1890-1960). Guardo-os comigo até hoje. Às vezes era o Roberto que me presenteava com os *pocket books* que me interessavam e que eu não podia comprar. Assim começou a minha biblioteca. Atualmente tenho quase todos os livros que não pude adquirir quando era jovem, em uma biblioteca com mais de 25.000 livros.

Em plena crise de agosto de 1954, jamais nos desentendemos por motivos políticos, apesar de eu ser getulista e ele, lacerdista. Tínhamos um grande respeito um pelo outro.

Acho que esse comportamento tinha se originado na minha casa, onde cada filho tinha a sua própria opinião política, o que era respeitado pelos meus pais, que estimulavam a liberdade de opinião adquirindo jornais favoráveis às diferentes ideologias de cada um dos filhos.

Roberto morreu cedo. Escreveu crônicas sobre turfe para os jornais, uma de suas paixões. Trabalhou como assessor do governador Carlos Lacerda no início da década de 60. Quando eu estava na França, no início de 1964, recebi a penúltima carta dele. Na carta Roberto dizia que, quando eu voltasse do meu estágio, o Lacerda certamente já seria presidente da República, e que eu iria gostar muito de trabalhar com ele: "O Lacerda possui o mesmo espírito de luta e determinação para o trabalho que você tem. Não tem hora para iniciar ou terminar uma tarefa. Isso foi uma coisa que eu só encontrei em você e agora no Lacerda." De fato, quando começávamos a estudar, eu e o Roberto ficávamos até tarde da noite.

A minha carreira de escritor científico começou ainda no ginásio. Eu pesquisava e fazia anotações sobre tudo que lia. Também escrevia cartas para as associações científicas. Escrevi para o astrônomo cearense Rubens de Azevedo, que guarda até hoje a minha carta. Geógrafo e astrônomo, Rubens fundou a Sociedade Brasileira dos Amigos da Astronomia em 1947. Foi a primeira associação desse tipo criada no Brasil. Ele respondeu à minha carta. A única carta que ficou sem resposta foi a que mandei para a Sociedade Brasileira para o Progresso da Ciência.

No Andrews havia um jornalzinho, *Vagalume*, feito pelos alunos. Para este jornal escrevi uma matéria sobre a bomba de hidrogênio. Era a época dos testes com as bombas nucleares americanas no Atol de Biquíni e em Eniwetok, no Oceano Pacífico. As pessoas tinham medo e diziam coisas absurdas. Achavam que uma bomba de hidrogênio mais forte poderia até despedaçar o nosso planeta. Meu artigo para o jornal do Andrews também tinha ligação com a astronomia, porque a bomba de hidrogênio reproduz, em pequena escala, o processo de fusão nuclear que gera a luz das estrelas.

Depois dessa estréia, comecei a escrever artigos para a revista *Ciência popular*. Um dia o meu irmão mais velho, Virgílio Jenner Mourão, trouxe para mim um exemplar dessa revista, que comecei a colecionar. A redação ficava na Rua Marquês de Paraná, no Flamengo, não muito longe do Colégio Andrews. Logo depois da aula eu ia a pé apanhar os números da revista antes que fossem para as bancas. Lá encontrei o coronel Ary Maurell Lobo, diretor da revista, e tornei-me colaborador freqüente. Meu primeiro artigo para a *Ciência popular* tinha como título "Por que nascemos homem ou mulher?" Tratava-se, na realidade, de uma explicação sobre a importância dos cromossomos X e Y na determinação do sexo dos indivíduos. Na época eu me interessava pela genética.

Muito importante para a minha formação como escritor de ensaios e artigos científicos foi a leitura do livro *Organização do trabalho intelectual*, do médico francês e professor da Faculdade de Medicina de Estrasburgo P. Chevigny, que o meu irmão Virgílio, na época estudando no Colégio Naval, em Angra dos Reis, deu-me de presente.

Nesse período eu me separo do meu irmão Rodrigo. Ele vai estudar no Colégio Pedro II e eu fico no Andrews. Só permaneci no Andrews porque o diretor, Edgar Flexa Ribeiro, concedeu-me uma bolsa de estudos. Eu era um aluno relativamente bom, tinha média acima de sete. No Andrews eu terminei o ginásio e o científico.

Durante o curso científico, eu freqüentava às quintas-feiras a Academia Brasileira de Letras, onde assisti aos cursos de contos e ao de crítica literária. Ao mesmo tempo, visitava regularmente a Livraria Francesa, na Avenida Presidente Antônio Carlos, ao lado da Faculdade Nacional de Filosofia. Nessa livraria encomendei a obra *La Planète Mars* (1930), do astrônomo francês Eugène Antoniadi (1870-1944), na época, e até hoje, uma das maiores autoridades sobre a areografia — o estudo descritivo das marcas superficiais de Marte visíveis através dos telescópios —, o que me ajudaria muito, mais tarde, no reconhecimento dos acidentes da superfície do planeta que faria com as lunetas do Observatório Nacional.

OLHANDO PARA MARTE

Em 1956 ocorreu uma oposição do planeta Marte com a Terra. As oposições são os períodos mais favoráveis para a observação dos planetas, quando eles ficam mais próximos da Terra. No caso de Marte, sua distância do nosso planeta pode variar de 375 milhões de quilômetros nas conjunções — quando Terra e Marte se encontram em lados opostos do Sol — a 56 milhões de quilômetros nas oposições periélicas, quando eles passam pelos pontos mais próximos de suas órbitas (na grande oposição periélica de 2003, Marte esteve a 55 milhões de quilômetros da Terra). Fiquei muito interessado. Naquela época falava-se muito sobre a existência de canais de irrigação no planeta, construídos por uma civilização avançada de marcianos, e eu resolvi iniciar uma longa pesquisa sobre Marte.

Enquanto pesquisava senti necessidade de procurar alguma contribuição brasileira. Eu só encontrava citações de trabalhos estrangeiros e me perguntava: "Será que os brasileiros nunca tinham estudado o planeta Marte?" Então descobri, na seção de astronomia da Biblioteca Nacional, que o engenheiro e astrônomo brasileiro Alix Corrêa de Lemos (1877-1957) tinha feito um estudo sobre os canais de Marte com base nas observações do astrônomo Domingos Costa, do Observatório Nacional do Rio de Janeiro. Alix tinha uma teoria diferente sobre os canais, segundo a qual o que alguns astrônomos viam na superfície de Marte eram falhas geológicas, como ficou comprovado mais tarde pelas sondas espaciais.

Como não achava o folheto em lugar nenhum, fui pessoalmente ao Observatório Nacional procurar um exemplar. Antes tinha telefonado para o astrônomo-chefe, que era o mesmo Domingos Costa citado no trabalho de Alix. Enquanto mandava um funcionário apanhar o artigo no depósito de publicações, trocamos algumas idéias sobre a observação de Marte, e ele então me revelou que havia feito uma série de desenhos da superfície marciana durante as oposições de 1924 e 1939. E, apontando para a janela, disse-me que as circunstâncias eram muito desfavoráveis, pois as condições atmosféricas da cidade, com sua poluição luminosa, prejudicavam as observações. Depois de receber a monografia de Alix, intitulada "Crítica às hipóteses marcianas", como todo adolescente irreverente, disse comigo mesmo: "A janela está mais suja do que o céu."

Na realidade, compreendi que ao Observatório faltavam astrônomos que se entusiasmassem com a astronomia. De fato, a maioria dos funcionários era constituída de engenheiros que faziam da instituição um bico. Apesar de ter sentido uma profunda admiração por Costa, quer pela cultura, quer pelo esforço que dedicava à astronomia, compreendi mais tarde, ao estudar a história do Observatório, que ele havia transformado aquela instituição na própria razão de sua vida. Este foi o meu primeiro contato com o Observatório Nacional, onde iria trabalhar antes mesmo de me formar.

Com base nas pesquisas realizadas, escrevi uma monografia, "O enigma marciano", que foi publicada no livro *As maravilhas e progressos da ciência*, tomo 5 (1956), da série de almanaques publicados anualmente pela revista *Ciência popular*.

Quando chegou a época de fazer o vestibular, decidi estudar física para optar depois pela astronomia. Hoje já existe o curso de astronomia da Universidade Federal do Rio de Janeiro (UFRJ), e o estudante pode fazer o vestibular direto para Astronomia. Lamentavelmente, no meu tempo não havia esta opção. Era preciso fazer primeiro física ou engenharia para depois se especializar em astronomia.

Meu pai, claro, ficou desapontado quando soube que eu não iria ser médico. Eu disse que só me dedicaria à medicina se fosse para fazer pesquisa.

Lembro-me de que trocamos idéias sobre a maneira como isso deveria ser feito. Eu sugeria que cada pessoa tivesse uma ficha médica desde o dia do seu nascimento. Neste prontuário seriam anotados todos os desenvolvimentos do cliente, assim como suas doenças, os tratamentos e remédios. Quando o paciente mudasse de médico ou de cidade, ele entregaria sua ficha ao novo médico. Papai achou que seria inexeqüível um registro desse tipo, com toda a evolução médica de um indivíduo, pois as anotações, com todos os exames clínicos, iriam constituir uma documentação muito extensa. Além do mais, elas seriam de propriedade do médico que as redigira. Por outro lado, naquele tempo nem se imaginava que um dia surgiriam microcomputadores com a capacidade de reunir tantos dados.

Ele acabou aceitando o fato de que eu não seria médico, mas com minha mãe foi mais difícil. Ela queria que eu prestasse vestibular para engenharia. Por isso me inscrevi em dois vestibulares: física na Faculdade Nacional de Filosofia e engenharia na PUC. O de física eu fazia porque era o meu sonho; o de engenharia, para não desagradar à minha mãe. O problema é que o horário de um dos exames de física coincidiu com o da prova de engenharia. Resolvi faltar à prova de física e fiz a de engenharia porque não queria me aborrecer com minha mãe. Possuía um espírito de obediência muito grande para com ela. Hoje os filhos são mais independentes. Achei que podia compensar a falta de uma prova escrita com as notas obtidas no exame oral.

No dia do exame oral de física, na Faculdade Nacional de Filosofia, a banca examinadora era formada por Cristóvão Cardoso, que tinha sido meu professor no Andrews, e Plínio Sussekind, um dos mais conceituados professores da Faculdade de Filosofia, quer pelo seu mérito como professor, quer pela sua dedicação à ciência. Eu pedi ponto vago, disse que eles poderiam perguntar sobre qualquer ponto relativo à física. Imaginava que, obtendo a nota máxima, poderia compensar a falta da prova escrita. Precisava tirar a nota máxima, 10, para ficar com média 5, que era o mínimo necessário para ser aprovado em física.

Eu não tinha feito o curso preparatório para o vestibular porque era caro, meu pai não podia pagar. Mas um dos meus professores, Ramalho Novo, tinha dado aulas extras para nós, fora do horário normal. Ele disse para a turma: "Muita gente aqui não vai poder fazer cursinho, então, depois do horário da aula, eu vou dar uma hora de revisão da matemática do vestibular para quem quiser, todos os dias." E ele deu cálculo integral, que não se ensinava no científico. Por coincidência, quando o Plínio começou a fazer as perguntas, ele entrou nessa parte. Mostrei que sabia aplicar as noções de integral à física. Tirei nota 10. Mas no resultado final fui reprovado porque não tinha feito a prova escrita.

Fiquei muito chateado, até que vi uma convocação para a Universidade do Distrito Federal. Eu me inscrevi e passei para o curso de física na Faculdade de Filosofia, Ciências e Letras da Universidade do Distrito Federal, mais tarde Universidade do Estado da Guanabara e atualmente Universidade do Estado do Rio de Janeiro (UERJ). O curso de engenharia eu não fiz. Cursei só física.

Então comecei a cursar a universidade. De quinze em quinze dias eu ia para as aulas carregado de livros de astronomia. Eu saía de casa, em Botafogo, e passava antes nas bibliotecas dos ministérios da Justiça e do Trabalho, e na Biblioteca Castro Alves, que emprestavam livros. Nelas eu pegava o que iria ler durante as semanas seguintes. Não sabia que na minha turma de física tinha gente que gostava de astronomia e freqüentava o Observatório Nacional. Um dia, um dos meus colegas, o Jair Barroso Júnior, ao olhar para aqueles livros, falou: "Ei, tem alguém aqui que gosta de astronomia." E me disse: "Você precisa conhecer o Muniz Barreto, astrônomo do Observatório Nacional, que está estudando aqui, fazendo o curso de física." O Muniz olhou aqueles livros todos e me convidou para "dar um pulo no Observatório".

Eu fui com ele e o Jair, e então conheci o Observatório. Fiquei um pouco decepcionado ao verificar que os trabalhos ali se resumiam quase exclusivamente às observações meridianas destinadas à determinação da hora. Isso foi em 1956, ano da grande oposição periélica do planeta Marte, quando a distância entre Terra e Marte se reduziria ao mínimo. E eu perguntei se o diretor não me permitiria fazer uma série de observações de Marte. O Jair falou com o Muniz, que me levou ao Lélio Gama, então o diretor do Observatório. Lélio disse que não se opunha, eu podia ir para a cúpula onde estava instalada a luneta equatorial Heyde, de 21 cm de abertura — a única em funcionamento na época —, e ficar observando. Comecei a observar Marte quando ainda era aluno da universidade. Era quase um estágio. Tinha idéia de reunir aqueles desenhos para fazer um estudo posterior.

Como membro da Sociedade Astronômica da França, mandava minhas anotações para Audouin Dollfus, que, além de astrônomo do Observatório de Meudon, coordenava as observações para a Sociedade. Mais tarde, Dollfus elogiou minhas observações em carta escrita a bordo de um navio, em 8 de maio de 1957. "Suas observações são pouco numerosas, infelizmente; mas elas me parecem precisas e rigorosas", ele comentou. Qual não foi a minha surpresa ao ver detalhes das minhas observações, inclusive um desenho do planeta, de minha autoria, estampados em uma revista.

Um outro astrônomo, com quem eu manteria uma longa correspondência sobre estrelas duplas visuais, foi W. S. Finsen, do Union Observatory, de Johannesburgo, África do Sul, que em 14 de abril de 1958 escreveu-me: "Espero que continue esse trabalho na próxima oposição. Seus desenhos parecem-me muito bons e meticulosamente elaborados... Tenho feito muitas fotografias de Marte — elas tomaram muito tempo nas oposições favoráveis do passado. No entanto, eu gostaria, no futuro, de ver mais desenhos de sua autoria."

Hoje o estudo do planeta Marte é feito com sondas espaciais e telescópios orbitais, como o Hubble, mas em 1956 não existia nada disso. Os astrônomos aguardavam as oposições, em especial as periélicas. Era um trabalho difícil. A agitação do ar, na atmosfera da Terra, torna a imagem de Marte borrada, enevoada. Os astrônomos passavam horas ao telescópio esperando um momento em que o ar parasse de se agitar e a imagem de Marte ficasse mais nítida por alguns instantes para então tentar desenhar o que tinham visto.

Isso deu origem à controvérsia em torno dos canais marcianos. Em 1877, o astrônomo italiano Giovanni Schiaparelli tinha anunciado a observação de linhas finas, regulares, que atravessavam as regiões desérticas de Marte. Ele as chamou de *canali* (traços, linhas), mas o termo foi traduzido para o inglês como canais, o que implicava canais de irrigação, obra de seres inteligentes. Depois de outras observações, Schiaparelli afirmou que os canais às vezes pareciam se duplicar. O mundo científico ficou entusiasmado. Talvez estivesse ali a prova de que em Marte existia uma civilização. Marcianos construindo canais para trazer água dos pólos para os desertos equatoriais do planeta.

Nos Estados Unidos, Percival Lowell (1855-1916) construiu um observatório no Arizona para observar os canais marcianos. Desenhava mapas de Marte cheios de canais. O escritor inglês H. G. Wells (1866-1946) imaginou a invasão da Terra pelos marcianos em seu livro *The war of the worlds* (*A guerra dos mundos*, 1898). Até o matemático alemão Carl Friedrich Gauss (1777-1855) propôs em 1820 que se fizessem sinais para a comunicação com os marcianos. Como não existia rádio naquela época, Gauss sugeriu que fossem plantados bosques de pinheiros na tundra siberiana formando triângulos e quadrados. Isso mostraria aos marcianos que havia vida inteligente na Terra.

Mas enquanto Lowell e Schiaparelli viam canais em Marte, outros astrônomos não viam nenhum sinal das tais linhas retas. Nos telescópios instalados em terra, Marte parece uma bolinha, quase do tamanho da Lua cheia vista a olho nu. Aqueles astrônomos estavam forçando a visão ao máximo, tentando ver detalhes em um círculo muito pequeno. Nessas ocasiões ocorre uma ilusão de ótica, na qual o olho junta pontos separados para formar uma linha. Os canais vistos por Lowell e Schiaparelli nunca existiram. Mas Marte também tem manchas escuras e uma atmosfera em que aparecem nuvens de poeira. As manchas são reais e receberam nomes em latim. Uma delas, em forma triangular, é Syrtis Major, facilmente visível até mesmo com uma luneta de pequena abertura usada pelos astrônomos amadores.

Em 1956 alguns astrônomos ainda especulavam que essas manchas seriam áreas de vegetação. Argumentavam que elas refletiam a luz, do mesmo modo como a vegetação terrestre reflete a luz do Sol. Para aumentar seu fascínio, essas manchas ficavam mais escuras na primavera marciana, quando as calotas polares diminuem de tamanho. Talvez a vegetação estivesse desabrochando com a chegada da primavera. Tudo ilusão, como os canais de Lowell. Hoje sabemos que as áreas escuras, como Syrtis Major, são terrenos rochosos, crivados de crateras.

Em minhas observações de 1956 eu procurava desenhar essas manchas e qualquer nuvem ou mudança na superfície marciana que pudesse notar. No final, meu trabalho salvou o Observatório de uma crise. Um grupo de astrônomos amadores de São Paulo deu uma entrevista ao jornal *Correio da Manhã* criticando o Observatório Nacional por não observar Marte. O planeta estava em seu ponto de maior proximidade com a Terra, a 56 milhões de quilômetros. Observatórios do mundo inteiro estavam aproveitando a oportunidade para estudar Marte, e o Observatório Nacional não fazia nada. Liderando o grupo de críticos estava Flávio Pereira (irmão do grande editor José Olympio), que, além de ter cunhado a palavra astrobiologia, escreveu *Introdução à astrobiologia* (1958), primeiro livro sobre o assunto editado no mundo.

A maioria dos críticos era constituída de "discófilos", entusiastas dos discos voadores. Naquele tempo dizia-se que os avistamentos de objetos voadores não identificados aumentavam durante as grandes oposições de Marte. Seria o período que os marcianos aproveitavam para visitar a Terra em suas naves.

Nesse clima todo de especulações sobre vida em Marte, canais e discos voadores, a crítica ao Observatório Nacional causou um grande mal-estar. E o Lélio Gama encontrou uma solução simples: "Vamos publicar as observações do Ronaldo Mourão. Deste modo não se poderá dizer que o Observatório não participou da campanha de Marte." Por isso meu primeiro trabalho de astronomia, publicado pelo Observatório Nacional, foram as observações de Marte na oposição periélica de 1956. Isso fechou a boca dos críticos.

De fato, em 29 de dezembro de 1956 o *Correio da Manhã* — jornal que havia canalizado as críticas ao Observatório — publicava: "Marte apresentou aos humanos uma porção de cores." Com esse título, o jornal comunicava aos seus leitores os resultados das observações realizadas no período de 21 de agosto a 14 de setembro de 1956. Com essa e outras notícias divulgadas em diversos jornais, estavam definitivamente encerradas as críticas ao Observatório.

No final, aquele alunozinho de física que queria fazer desenhos de Marte por mera curiosidade salvou o Observatório de uma crítica maldosa.

O problema é que naquele tempo imperava a idéia de que não se podia fazer nada no Observatório Nacional devido à poluição luminosa da cidade do Rio de Janeiro. Isto não é verdade. Certas coisas ainda podem ser feitas, como demonstrei com meus estudos de Marte. Em conseqüência, a grande equatorial, uma luneta Cooke and Sons de 46 cm de abertura até então desativada, começou a ser recuperada, entrando mais tarde em funcionamento, quando iniciei as observações de estrelas duplas visuais.

Em 23 de abril de 1956, um grupo de aficionados, profissionais e amadores fundou a Associação Brasileira de Astronomia (ABA), com a finalidade de divulgar a astronomia e as ciências afins. Para presidente foi escolhido o astrônomo amador e engenheiro Alexandre Fucs, o vice-presidente era o radialista e médico Miécio de Araújo Jorge Honkins. As reuniões se realizavam no Instituto Nacional de Cinema Educativo (Ince), no edifício da Rádio Ministério da Educação, na Praça da República, todas as quintas-feiras.

Um dos programas mais interessantes que deveriam ser realizados nas dependências do Observatório Nacional era o da construção de telescópios sob a orientação do engenheiro suíço Louis Bucher, técnico de óptica do Observatório de Zurique, Suíça.

Na época eu participava das reuniões da ABA sempre que possível. Em agosto de 1956 participei do coquetel de despedida do advogado Luiz Gonzaga Bevilacqua, presidente da Sociedade Interplanetária Brasileira, de São Paulo, e membro da Associação Brasileira de Astronomia, do Rio de Janeiro. Era o primeiro representante do Brasil em um congresso de astronáutica, como delegado dessas duas associações ao VII Congresso Internacional de Astronáutica, em que deveria, segundo me informaram, apresentar uma tese sobre direito astronáutico, no qual se dizia especialista. Este foi meu primeiro contato social de natureza científica. Na época muito jovem, 21 anos, eu mais parecia uma criança e poucos me davam atenção. Era um entre outros, apesar de impressionar pela juventude.

NAVEGANDO PELOS PLANETAS

Ainda não havia concluído a faculdade, em 1956, quando surgiram umas vagas de astrônomo auxiliar no Observatório Nacional. Após uma prova interna, eu, o Jair e o Mário Rodrigues, todos colegas da Faculdade de Filosofia, Ciências e Letras, fomos indicados para a nomeação, preenchendo as vagas existentes. Apesar de as nomeações estarem suspensas, o diretor do Observatório justificou sua solicitação baseado na necessidade de novos funcionários para colaborar no Ano Geofísico Internacional, que estava começando.

Apesar de indicado pelo diretor Lélio Gama, não conseguia ser nomeado. Minha mãe, que sabia da minha amizade com o Eloy Dutra, foi pessoalmente ao gabinete da presidência da Caixa Econômica, de onde o Eloy era chefe, e pediu que ele intercedesse por mim. Eu não era de pedir nada. Quando fui entregar uma de minhas pesquisas, como fazia semanalmente, Eloy, muito chateado, me disse:

— Mas como você faz uma coisa dessas, precisando de um auxílio meu e não pede?

— Eu faço minhas pesquisas políticas sobre trabalhismo por idealismo, não quero pedir nada em troca — respondi.

— Mas você tem que cuidar da sua sobrevivência. Sua mãe me contou que você é como o seu pai, um idealista que não costumava cobrar dos seus clientes. Ela me disse que se preocupa muito com o seu futuro. Há dias comentei com minha esposa [Yara Vargas] que lhe devíamos muito por sua colaboração, e comentamos que devíamos auxiliá-lo. Apesar de estar sempre bem cuidado, notamos que você se veste muito modestamente. Já havíamos notado que você pedia para os seus amigos, jamais para você.

Eloy aconselhou-me a procurar o Josué Montello, na época trabalhando na Casa Civil, no Palácio do Catete.

— Acabo de telefonar para ele. E ele está te esperando. — E escreveu um bilhete para o Josué. Ao entregar-me a carta, disse:

— O meu motorista vai levá-lo agora ao Palácio, onde Josué o espera.

O Josué Montello solicitou o processo da minha nomeação ao Ministério da Educação e Saúde, e mandou junto um bilhetinho para o presidente Juscelino, cujo original me foi dado por Josué na época, e que guardo com muito carinho até hoje. Mais tarde, ele relatou este fato no *Jornal do Brasil* e no seu livro de memórias *Diário da manhã* (1984). O bilhete dizia:

"Meu caro Presidente. Este pedido de nomeação de um astrônomo interino sou eu que lhe faço, para ajudar um jovem de dezoito anos que é, no presente, uma das maiores vocações científicas do Brasil. Aos 20 anos, os títulos dele são os da lista em anexo. Vamos amparar esta vocação. O rapaz é pobre — pobre como nós fomos na idade dele. É um pedido que lhe faz o Josué Montello."

No dia seguinte Montello me contou: "Ronaldo, o único pedido de nomeação que o Juscelino assinou foi o seu."

Assim que entrei para o Observatório Nacional, comecei um estudo minucioso da astronomia esférica e fundamental, inicialmente com base em três livros: *Astronomie*, de Luc Picard, *Astronomie stellaire*, de Jean Delhaye, e *Astronomie*, de André Danjon, com a orientação de Muniz Barreto. Em seis meses eu já havia dominado os principais aspectos da astrometria. Com relação às observações, ocupava-me principalmente das que visavam à determinação da hora, na época o trabalho mais importante no Observatório Nacional ao lado do Serviço da Hora, que havia sido reequipado, com o auxílio do CNPq (Conselho Nacional de Pesquisa), com o que existia de mais moderno.

Além do curso de física na universidade, tinha como projeto observar todos os principais corpos do sistema solar. Iniciei uma navegação pelos planetas, como atualmente fazemos através da Internet. Sentia que era preciso navegar por aqueles mundos que me eram acessíveis. Tinha que aproveitar a oportunidade surgida com a autorização de Lélio para observar o planeta Marte em 1956, quando ainda nem era funcionário.

Um dos meus primeiros trabalhos foi calcular o nascer e o ocaso do cometa Arend-Roland, descoberto naquele ano. Nessa época utilizávamos tábuas de logaritmos. Talvez sejam poucos os jovens astrônomos a valorizar essas tarefas. Hoje tudo é muito fácil, basta acessar um bom *site* para obter logo os resultados.

Outro fator que me motivou foram as inúmeras cartas que recebia dos astrônomos aos quais havia enviado minhas observações. Mas, no fundo, o que me atiçava era a curiosidade, o desejo de tudo conhecer. Então comecei a fazer trabalhos sobre as superfícies planetárias, inclusive a determinação da latitude e da longitude dos acidentes, das principais marcas superficiais. Mais tarde essas pesquisas foram associadas às observações meridianas, com o objetivo de determinar as ascensões retas dos planetas.

No Observatório não faltou quem viesse maldosamente dizer que eu estava perdendo meu tempo, pois nada mais havia para ser descoberto no sistema solar depois da descoberta do planeta Plutão, em 1930. Mais tarde uma dessas pessoas me procurou para participar dessas pesquisas como colaborador. Lembro-me de que, quando observávamos na cúpula da luneta de 21 cm, comentei esse fato com Sílvio Ferraz de Mello, na época um jovem muito talentoso que estudava no Instituto Astronômico e Geofísico de São Paulo. Ele me disse: "Continue trabalhando, não se importe com o que os outros dizem." Jamais esqueci estas palavras.

Trabalhava em colaboração com os meus colegas do Observatório, Muniz Barreto, Jair e Mário Rodrigues. As observações e ilustrações de minha autoria sobre Mercúrio, Vênus, Marte, Júpiter, Saturno e Urano foram publicadas em diversas revistas especializadas no exterior, como *Southern Stars*, de Wellington, Nova Zelândia; *Monthly Notes of the Astronomical Society of Southern*, da Cidade do Cabo, África do Sul; *Mitteilungen fur Planetenbeobachter*, de Munique, Alemanha; *The Heavens, Setacho, Shiga-ken*, Japão, e no *Astronomical Journal* (russo) de Moscou.

Nessa época iniciei uma intensa correspondência com alguns astrônomos que se dedicavam à astronomia planetária, entre os quais Ivan Leslie Thompsen (1910-1969), da Nova Zelândia, Gravriil Tikhov (1875-1960) e Sharonov, da Rússia, e Harold Urey (1893-1981), dos EUA.

Em 1959, o coronel Ary Maurell Lobo solicitou que eu preparasse os originais para a edição de um livro sobre pesquisa espacial, devido ao enorme interesse que vinham despertando a astronomia e a astronáutica depois do lançamento do primeiro satélite artificial pelos soviéticos. A parte referente à astronomia ficou sob a minha responsabilidade. Assim, o meu primeiro *Astronomia popular* (1960) foi editado pela revista *Ciência popular*.

Em 1960 comecei a me preparar para as observações de cometas, asteróides e estrelas duplas. Correspondia-me com vários astrônomos do exterior.

Na falta de quem me orientasse na observação, iniciei correspondência com os melhores especialistas. Um deles foi o astrônomo russo M. S. Bobrov, da comissão astronômica da Academia de Ciências da URSS (hoje Rússia), que em 9 de fevereiro de 1960 me solicitou a observação da ocultação da estrela BD-21°5359 pelos anéis de Saturno, assinalando:

"A observação dessa ocultação é fundamental. Ela poderá fornecer valiosas informações sobre a transparência dos anéis, que é praticamente desconhecida."

Os astrônomos já sabiam havia muito tempo que os belos anéis do planeta Saturno não poderiam ser estruturas sólidas. Eles deviam ser formados por partículas, mas ninguém sabia a dimensão dessas partículas; se seriam blocos de gelo flutuantes, com vários metros de largura ou se seriam partículas minúsculas. Daí o interesse por essas observações, que revelariam a transparência dos anéis e dariam indícios de sua estrutura.

Saturno, com seus belos anéis, intriga os astrônomos desde a invenção do telescópio. Em 1610, Galileu disse ter observado um planeta "trigêmeo". Em sua luneta, que tinha um aumento de apenas 30 vezes, Saturno aparecia como um conjunto de três estrelas se tocando. Foi só em 1656 que o holandês Christian Huygens, com uma luneta mais potente, conseguiu ver que aquilo que dava a impressão de três estrelas se tocando era um planeta cercado por um anel fino. Nos anos seguintes, outros observadores notaram divisões, ou faixas concêntricas, nos anéis, que receberam nomes como anel A, anel B, anel C ou anel de Crepe. Mas sua natureza era um mistério.

No século XIX, a análise matemática demonstrou que os anéis não poderiam ser líquidos. A hipótese mais provável era de que fossem formados por partículas de poeira e gelo. Restos de uma lua que não se formou, ou de uma lua destruída pela gravidade de Saturno. Faltava determinar as dimensões dessas partículas.

A ocultação da estrela BD-21°5359 pelo anel A de Saturno, que observamos em 30 de abril de 1960 no Observatório Nacional do Rio de Janeiro, além de permitir ao astrônomo soviético M. S. Bobrov determinar a espessura óptica do anel A, pôs pela primeira vez em evidência a sua transparência. Tal observação impõe a seguinte conclusão: as dimensões das partículas que compõem o anel A não devem ser uniformes em toda a extensão desse anel. Esta observação foi um sucesso na época, tendo sido um dos dados fundamentais relacionados na revista russa *Jornal de astrofísica*, 1962,*39*, 4, pp. 669-976. Um capítulo especial do livro *The planet Saturn* (1962), do astrônomo inglês Arthur F.O' D. Alexander (1896-1971), foi dedicado a essa observação realizada no Observatório Nacional. O astrônomo francês A. Dollfus, presidente da Comissão dos Planetas da União Astronômica Internacional, relacionou-a como um dos fatos relevantes do seu relatório.

Em 26 de novembro de 1960, Dollfus escreveu-me:

"Agradeço por ter-me enviado o relato de sua observação de ocultação de uma estrela de nona magnitude pelo anel de Saturno. O dr. Heath já me comunicara a sua observação muito interessante e rara, pela qual dou-lhe as minhas mais vivas felicitações. Essa observação é tão preciosa que não deixarei de divulgar e de publicar em *L'Astronomie*, como um fenômeno particularmente interessante. Assim, eu ficaria grato se me desse mais detalhes sobre as conclusões que já foram obtidas de sua medida, em particular pelo dr. Bobrov. Por ocasião dessa observação excepcional, creio que seria útil agrupar todas as observações anteriores, a fim de fazer uma síntese geral. Não tenho conhecimento de outras observações desse fenômeno de 30 de abril último, mas algumas observações análogas foram recolhidas no passado, mais especificamente por T. Cragg, no Monte Wilson. Eu ficaria muito agradecido se pudesse indicar-me as referências dessas passagens por trás do anel de Saturno que você conhece, em particular as referências do trabalho de Ainslie de 1917, que você menciona."

ESTRELAS DUPLAS VISUAIS

Durante a Assembléia-Geral da União Astronômica Internacional realizada de 12 a 30 de agosto de 1958 em Moscou, a Comissão 26 — Estrelas Duplas Visuais — fez um apelo aos observatórios localizados no hemisfério sul que tivessem instrumentos de grande ou média abertura, para que se dedicassem à observação de estrelas duplas, já que havia poucos observadores desta especialidade nas latitudes sul, onde só os observatórios de Johannesburgo e Lembang vinham realizando observações sistemáticas de estrelas duplas visuais.

Trata-se de pares de estrelas unidas pela força gravitacional. Também chamadas de binárias visuais, seus componentes podem ser separados pelo telescópio. Isso acontece porque essas estrelas estão relativamente próximas da Terra ou porque uma orbita ao redor da outra a grande distância.

As estrelas são grandes esferas que se formam pela contração gravitacional de nuvens de gás e poeira cósmica. Dentro das estrelas, a pressão e o calor intensos provocam a fusão dos átomos de hidrogênio, transformando-o em hélio e outros elementos, produzindo a energia que faz a estrela brilhar.

O nosso Sol é uma estrela solitária, mas a maioria das estrelas tem companheiras, associadas a elas pela força gravitacional. No caso das estrelas duplas, temos dois astros girando ao redor de um centro de gravidade comum.

Isso às vezes provoca fenômenos interessantes. Os antigos árabes ficavam assombrados com uma estrela cujo brilho aumentava e diminuía. Eles a chamaram de Algol, "estrela do demônio". No século XVIII, o astrônomo inglês John Goodricke descobriu o segredo da estrela demoníaca: Algol seria na verdade uma estrela dupla, com uma componente mais brilhante que a outra. Quando a companheira mais fraca encontra-se diante da companheira cintilante, Algol parece diminuir seu brilho no céu. Atualmente sabemos que Algol é uma estrela tripla. Três estrelas unidas pela gravitação, dançando uma valsa cósmica. Elas estão tão próximas que só podem ser separadas pelo espectroscópio, aparelho que decompõe a luz dos astros.

Considerando o apelo da União Astronômica Internacional, resolvemos, após uma revisão na equatorial Cooke and Sons de 46 cm do Observatório Nacional e, principalmente, do seu micrômetro de posição, reiniciar as observações micrométricas de estrelas duplas visuais, interrompidas com o falecimento do saudoso astrônomo Domingos Fernandes Costa, que, no Brasil, destacou-se neste campo com seu trabalho notável e sistemático, realizado de 1924 a 1934.

A partir de 1959, passei a fazer observação de estrelas duplas. Por falta de um astrônomo com prática na observação desse tipo de objeto celeste, além de enviar as minhas medidas, comecei a escrever para os especialistas que pudessem me auxiliar, entre eles o astrônomo belga Sylvan Arend (1902-1992), do Observatório Real da Bélgica, os astrônomos franceses Paul Muller e Paul Baize (1901-1995), ambos do Observatório de Paris, o astrônomo W. S. Finsen (1905-1979), do Union Observatory (hoje Republic Observatory), na África do Sul, o astrônomo norte-americano de origem belga George Van Biesbroeck (1880-1974), do Observatório de Tucson. Escrevi também para o astrônomo dinamarquês Ejnar Hertzprung (1873-1966), que ficou famoso por ter sido um dos que estabeleceram, independentemente do astrônomo norte-americano H. N. Russell, o diagrama Hertzprung-Russell, que, ao relacionar a luminosidade e o tipo espectral das estrelas, descobriu a existência das estrelas gigantes, supergigantes, anãs etc.

No período de um ano, entre 1959 e 1960, realizamos 200 medições da distância e do ângulo de posição de 60 diferentes estrelas duplas. Nosso programa incluía observações das estrelas duplas de declinação sul, particularmente aquelas do *Reference Catalogue of Innes*, que tinham sido observadas trinta anos antes pelo astrônomo Domingos Costa. Além destas estrelas, foram observadas e medidas outras estrelas do *Catálogo de Rossiter*, e ainda aquelas pouco observadas de declinação sul, encontradas no *Catálogo de Aitken*. Foram medidas também algumas estrelas duplas de órbitas conhecidas.

A observação de estrelas duplas — principal processo destinado à determinação da massa das estrelas — compreende duas partes distintas: a estima da magnitude* das componentes e a determinação de sua posição relativa. Esta segunda parte compreende ainda a determinação da distância angular entre as duas componentes e a determinação do ângulo de posição entre a componente de brilho mais fraco em relação à de maior brilho. A distância é expressa em segundos de arco e frações, enquanto o ângulo de posição, em graus e frações, contados de 0° a 360° na direção Norte-Leste-Sul-Oeste-Norte. Temos assim um sistema de coordenadas polares no qual a origem é uma da estrelas, de modo geral a mais brilhante, e o eixo polar, a direção Norte-Sul que passa por ela. Usam-se as coordenadas cartesianas retangulares quando se emprega a fotografia.

O mapeamento da órbita de uma estrela dupla exige um grande número de observações ao longo de anos. Medimos a separação angular, ou distância aparente entre duas estrelas, que é

---

*Magnitude: escala utilizada para classificar o brilho aparente de um astro. Por definição, a escala representa os astros mais brilhantes como de magnitude negativa (Sol = -27; Lua cheia = -13; Planeta Vênus = -5), e os menos brilhantes como de magnitude positiva (Acrux, estrela mais brilhante do Cruzeiro do Sul = 1,3). O limite do olho humano, sem o auxílio de instrumentos, é de magnitude 6.

medida em segundos de arco. Também medimos o ângulo de posição, que nos dá a direção de uma das estrelas, no céu, em relação à outra. Ele é medido em graus, partindo do zero em direção ao pólo norte da esfera celeste.

Com essas observações determinamos a órbita aparente que uma das estrelas descreve em relação à outra, e com esses dados podemos calcular a órbita real. Como as estrelas estão muito, muito distantes, esses valores são mínimos. Eu usava um micrômetro de fio para fazer minhas medições.

Também iniciamos um estudo colorímetro estelar destinado a determinar a cor das estrelas. Como as estrelas duplas se encontravam muito próximas entre si, era difícil, naquela época, estudar seus espectros. Uma solução era determinar suas cores por meio de um aparelho chamado fotocolorímetro. Construímos um aparelho rudimentar, com a ajuda do astrônomo austríaco Joseph Hopmann, e fizemos algumas observações.

Para determinar o afastamento linear entre as estrelas duplas usávamos um micrômetro de posição que utilizava fios de teia de aranha como retículos. Os retículos são fios colocados no visor do instrumento para servirem de referência na hora da medição. Quem me visitasse na época me veria preocupado em obter os fios de teia para instalá-los no aparelho.

CHAMPANHE, ASTERÓIDES E ESTRELAS DUPLAS

Em 1961, participei do Simpósio sobre Estrelas Duplas Visuais, em Berkeley, onde fiquei conhecendo pessoalmente Sylvan Arend e vários outros astrônomos com quem mantinha correspondência. Em julho de 1962, ocorreu o Simpósio Internacional de Astrofísica de Liège, na Bélgica, em que tive uma das surpresas mais agradáveis de toda a minha carreira.

Fui apresentar trabalhos e esperava voltar imediatamente para o Brasil. O tema do simpósio era "La Physique des Planètes" (A Física dos Planetas), e apresentei um trabalho que visava destacar a existência de uma periodicidade na atividade da faixa equatorial norte do planeta Júpiter.

Os planetas do sistema solar se dividem em dois grupos, os do tipo terrestre e os gigantes gasosos. O primeiro grupo é formado por mundos de rocha e metal, como Mercúrio, Vênus, Terra e Marte. Nos planetas com superfícies sólidas, seus detalhes podem ser vistos ao telescópio, o que permite elaborar mapas dos principais acidentes topográficos da superfície.

Os gigantes gasosos compreendem os planetas exteriores, como Júpiter, Saturno, Urano e Netuno. Eles são imensas esferas de gás agitadas por turbulências, com pequenos núcleos de gás solidificado pela pressão, ocultos sob um oceano gasoso quase impenetrável. Júpiter é o maior e o mais próximo desses mundos, e a observação de suas faixas de nuvens data da época do astrônomo francês de origem italiana Giovanni Cassini (1625-1712). Em 1962, antes das sondas espaciais, tudo o que sabíamos sobre esses mundos vinha da observação com o telescópio. Na minha pesquisa, anotei os fenômenos que pareciam se repetir nas nuvens turbulentas de Júpiter. Mesmo com um telescópio pequeno é possível notar que algumas das formações de nuvens apresentam fenômenos de longa duração. O mais conhecido é a Grande Mancha Vermelha, um redemoinho gigantesco no hemisfério sul do planeta, maior do que a nossa Terra. No século XIX, os astrônomos especulavam sobre o que seria essa estrutura fantástica. Alguns achavam até que podia ser uma ilha de matéria sólida flutuando num mar de gases. A partir de 1970, com as sondas espaciais americanas *Pioneer*, *Voyager* e *Galileo*, foi possível determinar que as manchas de Júpiter são imensos furacões.

Terminado o simpósio, houve no dia seguinte uma recepção no Hôtel de Ville, às 10 horas da manhã. Como o anoitecer nas altas latitudes ocorre por volta de 11 horas da noite, dormi e acordei muito tarde; nem tomei o café da manhã, fui direto para a prefeitura, onde seria realizado o coquetel. Havia champanhe francês à vontade e, como ainda estava em jejum, fiquei meio tonto. Foi quando o Arend aproximou-se de mim e perguntou: "Você vai voltar para o Rio de Janeiro?"

Eu disse que sim, e ele me fez uma proposta surpreendente. "Não faça isso, você vai ficar conosco. Já falei com o diretor do observatório, que concordou. A gente arranja um lugar para você dormir. Lá tem um quarto. Você pode ficar três meses trabalhando conosco, vai aprender muita coisa."

Pensei que fosse efeito do champanhe. Era inacreditável! A realização de um sonho. Não podia acreditar que aquele astrônomo — um dos maiores astrometristas e descobridor de vários cometas periódicos e asteróides — estava me convidando para trabalhar com ele.

Mas havia um problema: eu tinha saído do Brasil com uma autorização para me ausentar por um mês. Além do mais, uma outra questão, de natureza política, me preocupava. Em outubro haveria eleição no Brasil e meu amigo Eloy Dutra ia precisar da minha ajuda em sua campanha para deputado federal. Achei que seria desleal ficar lá na Europa e deixá-lo sem a minha ajuda, tendo em vista que Eloy tinha a intenção de me indicar, de início, para vereador e, mais tarde, para deputado estadual nas futuras eleições.

Ao visitar Arend em seu gabinete, em Uccle, no dia seguinte ao término do simpósio, constatei que o convite não era uma simples conversa estimulada pelo champanhe francês de uma recepção. Era um convite mesmo. Antes que eu respondesse afirmativamente, Arend levantou-se e conduziu-me pelo braço ao diretor do observatório, Paul Bourgeois, solicitando um apartamento onde eu pudesse permanecer durante o estágio. Voltou a insistir: queria que eu ficasse por três meses.

Disse ao Arend que poderia ficar de 15 a 20 dias, e ele concordou. Escrevi para o Brasil pedindo férias e fiquei três semanas no Observatório Real da Bélgica, trabalhando na análise de observações de cometas, asteróides e estrelas duplas. No fim de duas semanas já havia aprendido a calcular as órbitas das estrelas duplas visuais, deixando pronto o manuscrito do meu primeiro artigo sobre a órbita elíptica de uma estrela dupla, mais tarde publicado no *Bulletin Astronomique de l'Observatoire Royal de Belgique* (1963). Contente com meu trabalho, Arend pediu-me que voltasse por um período mais longo, se possível um ano. Ofereceu-se para interceder junto às autoridades belgas competentes, se fosse necessário obter um auxílio.

Quando voltei ao Brasil, trouxe para o Observatório Nacional a tecnologia de redução de chapas fotográficas, assim como novos métodos para cálculo de órbita de estrelas duplas. Até esta época, as observações fotográficas de cometas e asteróides, assim como as medidas de estrelas duplas, não eram usadas para determinar as suas respectivas órbitas.

Durante todo o século XX, a chapa fotográfica foi uma das principais ferramentas do astrônomo. A emulsão fotográfica é muito mais sensível do que o olho humano e capta muitos detalhes que não conseguiríamos observar nem com os maiores telescópios. As pessoas que observam o céu pela primeira vez com lunetas freqüentemente ficam desapontadas porque não conseguem ver as galáxias e nebulosas com os detalhes das fotografias astronômicas. Mas para fotografar uma galáxia distante, a emulsão fotográfica deve ficar exposta, às vezes, durante mais de uma hora, enquanto a fraca radiação luminosa proveniente dos astros vai agindo lentamente sobre a química da emulsão e, desse modo, revela a estrutura do objeto. O olho não consegue perceber esses detalhes que o filme fotográfico capta depois de dezenas de minutos de exposição.

Na pesquisa de asteróides, a fotografia também foi fundamental até o aparecimento dos detectores eletrônicos. Os asteróides são ilhas flutuantes de rocha e metal que deslizam pelos espaços interplanetários do nosso sistema solar em órbitas variadas. A maioria fica no espaço vazio entre as órbitas dos planetas Marte e Júpiter. Outros percorrem elipses alongadas que os levam a cruzar a órbita da Terra e dos planetas interiores. São os asteróides rasantes.

Mesmo com o mais potente telescópio terrestre, um asteróide parece um ponto de luz entre as estrelas. O primeiro asteróide foi descoberto pelo monge italiano Giuseppe Piazzi (1746-1826) em 1801. Ele o chamou de Ceres, a deusa romana da agricultura. Ceres tem quase 800 quilômetros de largura. Entre 1802 e 1804 foram descobertos mais dois asteróides, Palas, com 480 quilômetros de largura, e Juno, com 320 quilômetros. As descobertas foram se sucedendo, e por volta de 1890 já eram conhecidos 300 asteróides.

Em 1890 o astrônomo alemão Max Wolf (1863-1932) começou a usar a fotografia para localizar novos asteróides. Ele acoplava uma câmera fotográfica ao telescópio e acionava um motor que fazia o telescópio seguir o movimento aparente das estrelas no céu. Quando a chapa era revelada, as estrelas apareciam como pontos distintos. Mas se houvesse um asteróide naquela região, seu movimento entre as estrelas produzia um pequeno traço na chapa fotográfica.

Com a fotografia, dezenas de novos asteróides passaram a ser descobertos todo ano. Logo não havia mais nomes de deusas romanas ou gregas para batizá-los. Os astrônomos alemães do Observatório de Heidelberg passaram a usar nomes de mulheres, homenageando namoradas, esposas, amigas. Em conseqüência disso, hoje há asteróides com nomes como Helena, Genevieve, Helga, Natasha, Natalie. Em outras partes do mundo os descobridores de novos asteróides homenagearam colegas cientistas, reis, presidentes.

Meu estágio na Bélgica em 1962 seria importante para as pesquisas que faria posteriormente na busca de novos asteróides.

Em 1963 resolvi trancar a matrícula do meu curso de mestrado no Centro Brasileiro de Pesquisas Físicas, que vinha fazendo juntamente com Mário Rodrigues de Carvalho Sobrinho, meu colega no Observatório, pois havíamos compreendido que seria muito importante para o nosso futuro na instituição uma pós-graduação em física. Nossa primeira tentativa de um estudo complementar de física, sob a orientação do professor Alcântara Gomes Filho (1910-2002), ocorreu no Departamento de Física da universidade onde nos havíamos formado. O afastamento se justificava pela oportunidade de obter uma bolsa de estudos na Bélgica, onde poderia concluir o aperfeiçoamento iniciado em 1962.

Eu tinha visto um anúncio num jornal e fui ao consulado apresentar os documentos pedidos. O funcionário olhou e disse: "Puxa, o melhor dossiê que recebemos até hoje é o seu." Fiz uma tradução juramentada de todos os diplomas que tinha; eu já era bacharel e licenciado em física. O adido foi muito atencioso e enviou tudo para Brasília.

Esperei, esperei, e nada. O adido belga comentou: "Estranho, os seus papéis não voltam, não é possível, eu vou reclamar." Ele telefonou para o Itamaraty e lá responderam que não estava prevista bolsa de estudos para astronomia, por isso meu pedido não tinha sido aceito.

Fui falar com o cônsul, e ele achou um absurdo. Falou com o embaixador, que pediu ao Itamaraty que devolvesse meu dossiê.

"Já que vocês não aprovaram uma bolsa para astronomia, arranjaremos uma solução aqui mesmo."

Logo em seguida, o embaixador ligou para a Bélgica, e fui informado de que Arend já havia estado no Office Belge de Coopération Technique para dar apoio ao meu pedido, porque estava interessado em que eu voltasse a trabalhar com ele.

Após quase uma hora de espera, o cônsul voltou e disse-me: "O embaixador falou com a Bélgica e eles vão dar sete bolsas em vez de seis este ano. Não custa nada tirarmos uma bolsa do Congo e dá-la a você. Vamos comunicar ao Itamaraty que estamos oferecendo uma bolsa extra este ano para você."

Quando o presidente do CNPq, Antônio Couceiro, soube por intermédio do Anísio Teixeira que eu iria para a Europa com uma bolsa do governo belga, chamou-me e disse: "Ronaldo, essas bolsas são miseráveis, você não vai conseguir sobreviver na Europa só com o dinheiro que eles dão. Vou tentar conseguir uma bolsa suplementar."

Isso não foi possível, mas Couceiro conseguiu que o CNPq mantivesse a minha bolsa de pesquisa no Observatório Nacional enquanto eu estivesse na Europa.

Com a bolsa concedida, ainda enfrentei mais um problema burocrático antes de poder viajar. Disseram que eu não podia ir porque ainda não havia sido efetivado. Só podia viajar se fosse funcionário efetivo do Observatório Nacional. Tive que ir a Brasília resolver o problema. Encontrei um consultor jurídico que me ajudou, conseguindo que o processo de efetivação fosse finalmente assinado.

NÃO EXISTE NEUTRALIDADE NA PESQUISA CIENTÍFICA

Em 1963 e 1964 trabalhei no Departamento de Astrometria e Mecânica Celeste do Observatório Real da Bélgica, sob os auspícios do Office Belge de Coopération Technique do Ministère des Affaires Étrangères Belge. O objetivo principal do estágio era desenvolver estudos no campo da astrometria, com ênfase especial nas estrelas duplas visuais, nos asteróides e nos estudos de problemas relativos à montagem, instalação e ajuste de instrumentos astronômicos. Este último item do programa foi acrescentado tendo em vista que, como coordenador do Instituto de Ciências da Universidade de Brasília, fora convidado pelo reitor Anísio Teixeira para orientar a construção de um moderno observatório astronômico em um sítio ao norte da capital. Toda esta introdução serve para mostrar como fui parar na Bélgica, onde iria começar um longo trabalho sobre estrelas duplas visuais, que, para minha surpresa, teria aplicação na tecnologia militar.

Um dos problemas que surgiram durante nossas pesquisas foi a dificuldade de determinar a órbita aparente de algumas estrelas duplas visuais. Apesar de se ter às vezes um grande número de observações, a determinação da órbita era muito difícil por causa dos enormes erros, ou melhor, das imprecisões observacionais. Um exemplo disso era a estrela Tau Sculptoris (Tau do Esculptor), descoberta em 1837 pelo astrônomo inglês John Herschel, para a qual tínhamos mais de cinqüenta medições feitas ao longo de um período de 125 anos. Na realidade, quando as duas componentes de uma estrela dupla estão muito próximas, a observação visual, realizada com um micrômetro de fios de aranha, é uma verdadeira arte. Como dizia Arend, é fazer pontaria em dois lutadores de boxe, e esta imagem de Arend, para quem já mediu a distância entre um par de estrelas próximas, é muito pertinente, principalmente se o sistema for constituído de duas estrelas que se encontram no limite do poder separador da luneta ou telescópio. O problema era mais preocupante do que se pode imaginar, se considerarmos que algumas estrelas de movimento muito lento sugeriam períodos orbitais às vezes superiores a 1.000 anos. Portanto, era importante desenvolver um processo de análise das observações e de determinação de coeficientes que permitisse saber em quanto de cada valor deveriam ser corrigidas as observações de cada componente de um sistema binário.

Com base no método de Thiele-Innes, um dos processos numéricos empregados no cálculo de uma órbita de estrelas duplas, estabelecem-se as condições a serem satisfeitas para possibilitar uma solução elíptica, circular, parabólica e hiperbólica. Usando o cálculo diferencial, estabelecemos equações diferenciais, que nos forneciam coeficientes indicativos de quanto deveríamos modificar cada valor observado a fim de obter uma órbita elíptica, assim como os valores para alterar o aspecto desta órbita. Este trabalho foi apresentado durante o Colóquio de Cálculo, Número e Matemática Aplicada na cidade de Lille, em 1964, organizado no âmbito da Société Française pour l' Avancement de la Science e publicado na série *Publications Scientifiques et Techniques du Ministère de l'Air — Notes Techniques*, n° 157, Paris, 1967.

Concluído meu estágio na Bélgica, embarquei para a França em fins de 1964, como bolsista do Ministère des Affaires Étrangères Français para estagiar no Observatório do Pic-du-Midi e preparar meu doutorado na Sorbonne, em Paris. Nesse período, sempre que possível eu ia a Bruxelas visitar Arend. Em uma dessas visitas, encontrei-o muito feliz e alegre. Logo que entrei ele foi informando: "Recorda-se do nosso trabalho sobre estrelas duplas apresentado em Lille? Está sendo usado para corrigir as órbitas de mísseis. Na última vez que estive com o general Vernotte, no Ministère de l'Air, em Paris, ele me cumprimentou pelo nosso excelente trabalho e mandou-lhe um abraço."

Assim, uma pesquisa que não tinha nenhum caráter militar acabou se transformando, na mão dos peritos em balística do Ministério da Aeronáutica da França, em um artefato aperfeiçoado que deve estar permitindo aos mísseis atingir com mais precisão os alvos militares, ou até mesmo a colocação em órbita de satélites artificiais.

Na ciência, as contribuições que podem servir para salvar vidas também podem ser utilizadas em sentido oposto. Foi por isso que provocaram enorme impacto em mim as ingênuas declarações de alguns homens de ciência do Brasil sobre a sua não-participação nas atividades de pesquisas básicas que venham a contribuir para o desenvolvimento de uma tecnologia bélica. Ora, esta não-participação é impossível. Toda pesquisa básica de caráter pacífico (não-militar) pode contribuir para o aperfeiçoamento de uma aplicação militar. A sua recíproca também é verdadeira: toda pesquisa básica com objetivo militar pode contribuir para o aperfeiçoamento de uma aplicação à ciência básica de natureza antibelicista.

DE PARIS AÓ PIC-DU-MIDI

Depois de ficar um ano na Bélgica fazendo pesquisas sobre estrelas duplas visuais e asteróides, fui a Paris em abril, a fim de passar alguns dias. Ao chegar encontrei-me com o Sylvio Ferraz de Mello — bolsista que preparava sua tese de doutorado em mecânica celeste no Bureau des Longitudes —, que me aconselhou a aproveitar a estada na Europa para fazer meu doutoramento. Com este objetivo fomos para a cidade de Besançon, cujo observatório era dirigido pelo astrônomo Jean Delhaye. Ele era o principal elemento de ligação com os astrônomos brasileiros, cujo aperfeiçoamento patrocinava, pois nutria grande esperança no futuro desenvolvimento da astronomia no Brasil.

Durante a viagem, ficamos sabendo pelas manchetes dos jornais franceses que o presidente João Goulart fora deposto por um golpe militar. Prevendo que a situação iria se agravar com a caça às bruxas, compreendi que a única solução seria tentar continuar na Europa e fazer doutorado, tendo em vista que os meus amigos no governo seriam quase todos perseguidos por causa das suas idéias.

Na ocasião decidi ir com outros estudantes à redação do jornal *Le Monde* protestar contra a Revolução. Mais tarde voltei para Bruxelas, onde continuei a estudar, recebendo quase diariamente cartas de minha mãe com o relato do que se passava, assim como recortes dos jornais brasileiros com notícias sobre a situação política.

Com a saída de quase todos os principais professores da Universidade de Brasília, estava terminado o sonho de um observatório na Chapada dos Veadeiros, ao norte da capital, como havia planejado com Anísio Teixeira e frei Mateus Rocha, com a aprovação de Darcy Ribeiro. Frei Mateus Rocha foi um padre dominicano que estudou em Paris. Ele escreveu o livro *Quem é este homem?*, uma biografia de Jesus Cristo. Era o padre responsável pelo Convento dos Dominicanos na Universidade de Brasília. A idéia do Observatório na Chapada dos Veadeiros — que não estava associada a frei Mateus — foi uma sugestão minha ao professor Anísio Teixeira, que aprovou a idéia. Na ocasião Anísio Teixeira era reitor da Universidade de Brasília, em substituição ao professor Darcy Ribeiro, que exercia a chefia da Casa Civil do governo João Goulart.

Em 1965 fui para a Sorbonne, onde fiz meu doutorado sobre o uso de uma câmera fotográfica todo-o-céu para o estudo da nebulosidade, técnica que seria muito importante para a escolha de locais de instalação de observatórios. O objetivo é determinar quantos dias por ano o céu fica nublado, impedindo a observação dos astros. A câmera fotografa o céu inteiro, e eu projetei um sistema de ocultação da Lua, porque a luminosidade da Lua prejudicava as fotos. Projetei aquele dispositivo todo para bloquear a difusão da luminosidade lunar, e com isso concluí o meu doutorado.

DE OLHO NAS NUVENS

As técnicas empregadas no estudo da nebulosidade atmosférica são cada vez mais importantes, não só para os meteorologistas, que as utilizam com objetivo estatístico para as previsões climáticas, como também para os astrônomos, conscientes da importância dos problemas que apresentam a pesquisa dos sítios apropriados à instalação dos observatórios astronômicos.

A observação da nebulosidade realizada nas estações meteorológicas tem por finalidade determinar a proporção do céu coberta pelas nuvens. O grau de nebulosidade se exprime na escala de 0 a 8; assim, quando a nebulosidade é igual a 1 ou 4, têm-se, respectivamente, a oitava parte ou a metade do céu cobertas por nuvens. Os resultados obtidos dessa maneira são quase sempre imprecisos, pois a apreciação a olho nu está sujeita a contestações, principalmente no que se refere à distribuição das nuvens, e também insuficientes, considerando que o meteorologista que determina a fração do céu coberta pelas nuvens não se interessa por sua distribuição pela abóbada celeste, uma das preocupações dos astrônomos. De fato, a distribuição da nebulosidade é muito importante para os trabalhos astronômicos. Sabemos que, para a mesma proporção de céu coberto, as nuvens situadas no zênite perturbam mais o astrônomo que aquelas que se encontram a menos de 20° acima do horizonte. Por outro lado, dependendo da natureza das observações a serem realizadas no sítio, será mais ou menos importante conhecer os intervalos do céu coberto. Assim, para a fotometria fotoelétrica — determinação da intensidade luminosa dos corpos celestes por meio de células sensíveis à luz —, é necessário que pelo menos três quartos do céu noturno estejam completamente limpos, transparentes e homogêneos; em alguns casos, um mínimo de seis horas de céu claro é suficiente. Para as fotografias de asteróides e de estrelas supernovas, é necessário um céu perfeitamente transparente, permitindo longas exposições. Já no caso das análises espectroscópicas estelares — estudos da composição das estrelas por meio da decomposição de sua luz —, em geral as interrupções de exposição não afetam sensivelmente as observações. Do mesmo modo, as observações das estrelas duplas visuais e as observações meridianas não são afetadas pelas pequenas nuvens dispersas no céu, embora seja aconselhável considerar a turbulência que provocam certas nuvens, que podem ser a causa das disparidades detectadas nas medidas.

Em conseqüência, para que o estudo da nebulosidade atmosférica noturna, com vistas à escolha de sítio de observatórios, forneça resultados satisfatórios é necessário que os registros sejam feitos de tal modo que eles dêem informações sobre os diversos tipos de nuvens e também sobre a distribuição da nebulosidade. Essas observações devem necessariamente ser feitas a intervalos regulares e independentes de critérios subjetivos do observador, daí a importância de utilizar a fotografia. Como é impossível fotografar as nuvens durante uma noite sem Lua, meu trabalho consistiu em construir um instrumento que permitisse registrar indiretamente a nebulosidade atmosférica mesmo durante as noites sem luminosidade lunar. Para alcançar esse objetivo, procurei desenvolver também um método simples e rápido que permitisse o estudo das imagens obtidas com a câmera todo-o-céu, eliminando as dificuldades causadas pela redução das imagens, o que levou alguns pesquisadores, entre eles o astrônomo alemão A. Hoog, a condenar o emprego das câmeras todo-o-céu. No entanto, o professor Jean Roche — orientador da minha tese — desde o início havia me avisado a respeito das dificuldades que eu iria encontrar. Felizmente, consegui superar todos os obstáculos desenvolvendo um arco que permitia eliminar a presença direta da luz lunar. Finalmente, consegui estabelecer uma representação gráfica capaz de mostrar a proporção do céu encoberto, a distribuição das nuvens, assim como detectar a existência de ciclos diurnos e sazonais da distribuição das nuvens.

No período que antecedeu a minha defesa de tese, em 7 de julho de 1967, freqüentei as aulas do professor Jean Roche, na Sorbonne. Durante as aulas de astronomia instrumental, pude perceber a força e a audácia do orientador da minha tese quando se ocupou dos efeitos da agitação da atmosfera terrestre sobre a qualidade das imagens astronômicas e previu que esta seria eliminada no futuro por intermédio de um espelho que se deformasse sob o comando daquela agitação. Roche previu o que hoje chamamos de óptica adaptativa.

Nessa época, morei primeiro num quarto na Casa da Espanha, e mais tarde, na Casa da França do Ultramar, na Cidade Universitária de Paris. Antes do início das aulas na Universidade de Paris, mantive um gabinete no terceiro andar do Observatório de Paris, que deixei de freqüentar porque me ausentava constantemente de Paris para ir a diferentes observatórios franceses. No Observatório do Pic-du-Midi, acompanhava as mais diversas observações, como as granulações na superfície solar, ao lado do Jean Roche; as de superfícies planetárias, com o Audouin Dollfus e o astrônomo grego Focas; e finalmente, as de estrelas duplas através de uma câmera de Lallemand, com a equipe de Laques. Falarei dessa câmera mais à frente.

No Observatório de Haute-Provence, participei das observações fotométricas com Pierre Mianes, do Observatório de Bordeaux, e estudamos a elaboração de um moderno fotômetro fotoelétrico. Assim, enquanto trabalhava nesses diversos projetos e programas, e redigia as teses a serem apresentadas, era obrigado a me ausentar de Paris.

Minha atividade principal incluía o projeto e a construção de um dispositivo capaz de avaliar a nebulosidade atmosférica noturna com o objetivo de determinar a freqüência de céu encoberto, para a escolha do provável sítio de um observatório astronômico. Para fazê-lo tinha que usar as oficinas do Observatório do Pic-du-Midi, no sul da França, nos Pireneus. Quando não estava no alto, permanecia em Bagneres-de-Bigorre, onde discutia as questões de óptica com Hugon, especialista francês.

Quando estava em Paris, pelo menos uma vez por semana visitava a Biblioteca do Observatório de Paris, sob a direção da astrônoma e bibliotecária madame Féuillebois, com quem conversava sobre os problemas de documentação. Ela sempre chamava minha atenção para alguma publicação sobre os assuntos que me preocupavam.

Nessa cidade estava permanentemente em contato com os brasileiros Luiz Ferraz, professor de literatura brasileira em Caen; Marcos Freitas, doutorando em literatura francesa e funcionário da embaixada do Brasil; Frederico Kaltz, estudante de ciências políticas. Íamos juntos a exposições e museus. Ao anoitecer, discutia sobre física e arte com Roberto Moreira, pesquisador do Centro Brasileiro de Pesquisa Física que fazia seu doutorado na França. Além das visitas à casa do Sílvio Ferraz de Mello, o tempo de minhas passagens por Paris era ocupado em atividades que envolviam interesses culturais das mais diversas naturezas, como, por exemplo, visita aos antiquários, com minha namorada Michele Hugonet, que também se interessava por instrumentos e documentos científicos antigos. Foi durante estas visitas que compreendi o valor do acervo existente no Observatório Nacional. Adveio daí meu empenho futuro na criação de um museu de ciência no Brasil.

INOVAÇÕES TECNOLÓGICAS

Durante minha carreira presenciei várias revoluções tecnológicas, tanto no campo observacional como nos processos de cálculo. Uma das principais foi a introdução dos computadores na astronomia. Em 1962, quando comecei a estudar as estrelas duplas no Departamento de Astrometria e Mecânica Celeste do Observatório Real da Bélgica, nós usávamos uma máquina de calcular manual — uma Brunswick —, que nem mesmo era uma máquina elétrica, como aquela que utilizávamos no Observatório Nacional. Quando voltei à Bélgica em 1963, participei de um curso de introdução dos computadores nos cálculos de astronomia.

Minha presença no Observatório Real da Bélgica coincidiu com a informatização dos cálculos astronômicos naquela instituição. Na verdade, alguns setores já estavam informatizados, como o de maré terrestre. No entanto, algumas pessoas diziam que não se poderia calcular a órbita das estrelas duplas com computador porque as medidas eram muito imprecisas, cheias de erros. Eu achava que para tudo havia uma solução. Sempre fui a favor de toda inovação.

Para contornar as imprecisões das observações micrométricas das posições relativas de duas estrelas duplas visuais, eu e o Arend começamos a desenvolver um trabalho usando equações diferenciais que permitiam fazer correções dos parâmetros relativos às observações, e assim procedendo íamos alterando os resultados. De fato, se alterássemos os valores dos elementos principais observados, seria possível alterar a órbita da estrela dupla. Este trabalho, como já disse, foi apresentado no Colóquio de Cálculo em Lille, na França. Mais tarde foi publicado pelo Ministério da Aeronáutica da França. Na época eu já tinha terminado meus estudos na Bélgica, mas não podia voltar ao Brasil devido à situação política. Aí fui fazer meu doutorado na França.

Durante a XXI Assembléia-Geral da União Astronômica Internacional, em Hamburgo, em 1964, encontrei o astrônomo alemão Wolf Heintz — uma das grandes autoridades em estrelas duplas visuais —, com quem já mantinha correspondência quando ainda estava no Brasil. Contei-lhe sobre o meu trabalho em Bruxelas sob a orientação de Arend. Na ocasião, falou-me da importância de aplicar o método dos mínimos quadrados* para

---

*Mínimos quadrados. Método proposto pelo matemático francês Adrien-Marie Legendre (1752-1833) para corrigir os erros das observações ou para determinar as constantes que entram nas relações pelas quais as grandezas observadas estão associadas umas às outras. Este método consiste em proceder de tal modo que a soma dos quadrados dos erros seja mínima, daí o seu nome.

aperfeiçoar o resultado obtido com uma primeira órbita provisória. Disse-lhe que havia realizado com sucesso essa aplicação à órbita da estrela dupla Russel 321, mas com uma calculadora manual. Foi então que me convidou para ir ao Observatório de Munique, onde poderíamos conversar mais detalhadamente sobre estrelas duplas visuais. Prometeu mostrar-me a câmera que usava para medi-las, e também o programa que vinha usando para fazer a aplicação do método dos mínimos quadrados.

Durante a visita a Heintz, em Munique, além de ver a câmera com a qual fazia as observações de planetas e estrelas duplas, pude verificar também que todo o processo de melhoramento pelo método dos mínimos quadrados já estava programado no computador. Quando afirmei que as outras etapas de cálculo poderiam ser programadas, ele me disse:

"Você tem razão, a gente pode fazer tudo isso com os computadores. Eu só faço o melhoramento das órbitas, mas é possível fazer o cálculo todo."

Voltei à Bélgica em 1964, levei a idéia para o Arend e introduzimos o cálculo todo nos computadores — desde as primeiras etapas, inclusive a das equações diferenciais que havia estabelecido, até a aplicação dos mínimos quadrados ao processo de melhoramento das órbitas. Era uma verdadeira inovação. Assim, mostrei que era possível programar todas aquelas equações, adaptando tudo para ser usado nos grandes computadores empregados naquela época e, atualmente, nos microcomputadores.

Hoje os microcomputadores são máquinas onipresentes em qualquer observatório astronômico. Eles permitem até que um astrônomo no Brasil controle um telescópio situado no Chile ou nos Estados Unidos, enviando comandos pela Internet e vendo na tela do computador as imagens captadas pelo telescópio.

Outra revolução tecnológica que acompanhei foi o uso dos detectores eletrônicos de luz, que foram substituindo gradativamente a fotografia tradicional em várias aplicações. Em 1965, quando trabalhei no Observatório do Pic-du-Midi, tive o primeiro contato com a câmera de Lallemand, o telescópio eletrônico. Nela a imagem captada pelo telescópio é transformada num fluxo eletrônico ao incidir sobre uma placa fotoelétrica, que converte a luz em impulsos elétricos. Esses sinais eletrônicos são tratados e depois transformados na imagem final. O sistema permite obter imagens em um menor tempo de exposição e com um detalhamento mais preciso.

Hoje usa-se o CCD, sigla de Charge Coupled Device, ou dispositivo de carga acoplada. O CCD é um dispositivo de circuito integrado que utiliza o deslocamento e a estocagem de uma carga elétrica em uma camada tênue de silício. Quando as cargas elétricas criadas pelo fluxo luminoso se deslocam no silício, o dispositivo transforma-se num detector de imagens de eficiência excelente, tanto do ponto de vista quantitativo como qualitativo.

Fisicamente, um CCD se parece com um retângulo de plástico escuro com as dimensões de alguns milímetros, muito parecido com um circuito integrado comum. A base do seu funcionamento é o efeito fotocondutor, ou seja, o aumento da condutividade elétrica das substâncias semicondutoras quando expostas à luz.

No centro do CCD há um pequeno orifício transparente que permite sensibilizar uma plaqueta de silício cuja superfície está dividida em milhares de retângulos microscópicos, que constituem os captadores elementares de luz. Quando um desses componentes recebe um raio de luz, os fótons excitam os elétrons do silício e cada elemento da plaqueta adquire um potencial elétrico determinado. Basta medir sucessivamente todas as cargas elementares para reconstituir a imagem registrada.

Na verdade os CCDs são muito mais eficientes na captação dos fótons, podendo observar astros muito mais tênues do que seria possível com a chapa fotográfica. Os maiores CCDs possuem até 2 mil pixels, ou elementos captadores de luz. Atualmente o CCD substituiu a fotografia na observação de pequenas áreas do céu, assim como no estudo de astros individuais.

O progresso nessa área foi muito rápido. Os primeiros CCDs tinham dez mil elementos; já os que foram usados no telescópio espacial Hubble têm 640 mil. O protótipo dos CCDs do Hubble foi testado no telescópio de Monte Palomar na década de 1980, e permitiu detectar o cometa Halley quando ele ainda estava além da órbita de Saturno, a 1 bilhão e 639 milhões de quilômetros da Terra. Foi a primeira vez que se detectou um cometa com tanta antecedência, três anos e cinco meses antes de sua passagem pelo periélio, o ponto mais próximo do Sol.

O telescópio espacial Hubble, de que tanto se fala hoje em dia, é o resultado de duas revoluções tecnológicas ocorridas na década de 1960: o desenvolvimento da astronáutica, a ciência das viagens espaciais, e o progresso da microeletrônica, da eletrônica do estado sólido. A corrida espacial levou ao desenvolvimento da lançadeira, a nave espacial reutilizável que transportou o Hubble até a sua órbita acima da atmosfera da Terra. É claro que o Hubble também poderia ter sido lançado por um foguete não tripulado, mas só a lançadeira espacial permite que os astronautas façam a manutenção do telescópio enquanto ele está no espaço, trocando componentes e instalando novos instrumentos, como já foi feito várias vezes. Mas o telescópio espacial só foi possível graças ao desenvolvimento da eletrônica dos semicondutores.

Hoje o Hubble é comandado da Terra graças a uma rede de telecomunicações desenvolvida para acompanhar as missões espaciais. As imagens dos planetas, das galáxias e de outros objetos distantes, captadas pelo Hubble, são convertidas em sinais eletrônicos e enviadas para os satélites TDRS. Os satélites retransmitem os sinais para o centro de controle no Instituto do

Telescópio Espacial, onde eles são processados por computadores e transformados em imagens de uma nitidez incomparável. O Hubble não tornou obsoletos os telescópios baseados na Terra. Eles também estão se sofisticando, incorporando novas tecnologias, como a óptica adaptativa e a óptica ativa. Na óptica adaptativa, um pequeno espelho controlado por computadores é introduzido na frente de um detector sensível à luz. Ele monitora as alterações produzidas pela agitação da atmosfera na imagem de uma estrela luminosa no campo de visão e envia sinais para dispositivos que deformam o espelho principal do telescópio, compensando as distorções na imagem. A imagem assim obtida é quase tão nítida quanto a dos telescópios espaciais. De modo semelhante, na óptica ativa os computadores controlam as qualidades ópticas do espelho do telescópio, compensando as inevitáveis deformações na estrutura, que ocorrem quando todo o conjunto do telescópio se move para acompanhar o deslocamento dos astros. Esses sistemas estão sendo empregados no NTT, o Telescópio de Nova Tecnologia, do Observatório Europeu Austral.

OS MISTÉRIOS DA LUA

Em 1968 eu estava de volta ao Brasil. No Natal daquele ano, os americanos lançaram a nave *Apollo 8*, levando três astronautas para observar a Lua de perto pela primeira vez. Um feito inédito na história dos vôos espaciais. Frank Borman, James Lovel e William Anders iam passar o Natal girando ao redor da Lua, como Júlio Verne tinha imaginado em seu livro *Da Terra à Lua*, escrito em 1865, mais de cem anos antes. No mundo inteiro, os observatórios astronômicos foram convidados a dar apoio àquela jornada épica.

Naquele ano eu estava no Observatório Nacional do Rio de Janeiro, trabalhando como astrônomo-chefe da Divisão de Equatoriais e Correlatos, quando recebi uma carta da astrônoma americana Barbara Middlehurst, do Center for Short-Lived Phenomena (Centro de Fenômenos de Curta Duração) da Smithsonian Institution, dos EUA. Barbara me convidava a participar da organização Lion, sigla de Lunar International Observers Network (Rede Internacional de Observadores Lunares), criada pouco tempo antes, sob sua direção. A rede incluía mais de 170 astrônomos em 31 países, e tinha o objetivo de detectar fenômenos na superfície da Lua e relatá-los ao Centro de Fenômenos de Curta Duração. As observações seriam comunicadas aos astronautas por intermédio do Centro Espacial de Houston, no Texas, que estaria em contato permanente com eles.

A Agência Espacial Americana, Nasa, solicitou que eu coordenasse a participação brasileira nessa vigília mundial destinada a detectar os misteriosos transientes lunares.

Desde a invenção do telescópio as pessoas vinham relatando o aparecimento de luzes e névoas estranhas nas crateras e fendas da superfície lunar. Era um assunto polêmico. Alguns astrônomos famosos, como o norte-americano Gerard Kuiper, duvidavam dessas observações, mas muitos outros tinham visto.

Uma das primeiras observações fora registrada em 1650, quando o astrônomo alemão Johannes Hevelius observou algumas manchas vermelhas dentro da cratera Aristarco. Mais tarde, em 1783, o inglês *sir* William Herschell viu pontos brilhantes na mesma região. Em quatro séculos de observação telescópica da Lua já se haviam acumulado mais de 600 relatos dessas aparições, todas elas catalogadas por Barbara Middlehurst. O grande problema era a curta duração do fenômeno. As luzes e névoas duravam alguns segundos ou minutos, tornando muito difícil um estudo sistemático. Entretanto, os primeiros registros com fotos e espectrogramas não deixavam dúvidas sobre a realidade dessas observações. Alguma coisa muito estranha estava acontecendo na Lua, mas ninguém sabia ao certo o que era.

O mistério alimentava a imaginação do povo e dos autores de histórias fantásticas. Filmes e histórias em quadrinhos imaginavam civilizações extraterrestres ocultas em cavernas, no subsolo da Lua, como no romance *Os primeiros homens na Lua*, de H. G. Wells, escrito em 1901. Em 1956 um astrônomo americano, Dinsmore Alter, chegara a fazer fotos, através do telescópio de 2,50 m do Observatório de Monte Wilson, na Califórnia, registrando uma ligeira névoa perto da montanha central da cratera Alphonsus. Mais tarde, em 3 de novembro de 1958, o astrônomo russo Nicolai Kozirev, do Observatório de Pulkova, obteve um espectrograma de um clarão registrado no pico central de Alphonsus, sugerindo uma provável emanação de gases. O espectrograma é um registro dos componentes da luz que permite determinar os elementos químicos existentes nos gases que emitiram essa luz.

Esses fenômenos misteriosos receberam o nome de transientes lunares. Sua duração podia ir de alguns segundos até algumas horas. Em média, eles apareciam e sumiam em 15 minutos. Podiam ser de três tipos distintos: a) pontos claros ou brilhantes em regiões bem localizadas, b) áreas de coloração, c) névoas ou emanações gasosas.

Dos registros acumulados até 1967, 112 referem-se à cratera de Aristarco e à região próxima do vale Schröter e de Cobrahead*.

---

*Vallis Schröteri ou Vale Schröter é uma homenagem ao astrônomo alemão John Schröter (1745-1816). O início desse vale é denominado de *Cabeça de Cobra* em virtude da sua semelhança com a cabeça desse réptil.

O segundo lugar com maior número de registros é a cratera escura de Plato, com 29 observações, e depois o Mare Crisium, com 16. Além dessas, em diversas ocasiões foram vistos pontos brilhantes na parte não iluminada da Lua.

Durante as missões das naves *Apollo*, os astronautas iriam sobrevoar a Lua em altitudes relativamente baixas, da ordem de cem quilômetros, e os norte-americanos não queriam perder a oportunidade de observar de perto um daqueles fenômenos misteriosos. Isso se aparecesse algum durante as 20 horas em que a *Apollo 8* ia permanecer por lá, girando em torno do nosso satélite natural.

Aqui no Brasil a rede de observadores foi liderada pelo Observatório Nacional. Depois que recebi a carta com o pedido, convidei vários astrônomos amadores e profissionais a colaborar comigo, apontando seus telescópios para a Lua durante a missão da *Apollo 8*. Quando a espaçonave decolou de Cabo Canaveral, na Flórida, no dia 21 de dezembro, nossa vigília já havia começado no Observatório Nacional.

Assim que anoitecia íamos para a cúpula da grande equatorial, onde está instalada a luneta Cooke and Sons de 46 cm de abertura. As cúpulas dos observatórios protegem os telescópios da ação do tempo e se abrem para permitir a observação. Os astrônomos ficam na penumbra, no interior da cúpula, e acionam os motores elétricos que abrem o domo. Uma faixa de céu estrelado se abre lá em cima, diante do telescópio, e vai se alargando até descobrir a faixa de céu que queremos observar.

Para os leigos, toda essa terminologia pode parecer misteriosa, mas é muito fácil de explicar. A luneta que usávamos em nossas observações da Lua fora fabricada em 1910 pela firma inglesa Cooke and Sons e montada no Observatório Nacional em 1922. A Cooke and Sons é um tradicional fabricante inglês de instrumentos ópticos que produzia lunetas para astronomia no final do século XIX e início do século XX. A firma ainda existe, mas atualmente só fabrica óculos.

Os 46 centímetros depois do nome do fabricante são a medida da abertura da luneta. Ou seja, do diâmetro da lente objetiva que ela usa para ampliar a imagem dos astros. A cúpula onde fica a Cooke and Sons de 46 cm é chamada de grande equatorial, o que significa que ela aloja a maior luneta com montagem equatorial existente naquele observatório. As lunetas e os telescópios podem ser instalados em dois tipos de montagem: a azimutal e a equatorial. Na montagem azimutal, o telescópio é montado num eixo vertical e sua rotação em torno desse eixo o mantém paralelo ao horizonte. Já na montagem equatorial, o eixo vertical fica paralelo ao eixo de rotação da Terra, permitindo que o telescópio acompanhe mais facilmente o movimento das estrelas no céu.

Esse era o nosso equipamento no fim de 1968. Nas noites de 21 e 22 de dezembro, eu e o engenheiro Ivan Mourilhe observamos uma luminosidade anormal na cratera de Aristarco. Eu tinha um cartão da Western Telegraph para enviar gratuitamente um telegrama para os Estados Unidos caso observássemos alguma coisa. Naquele tempo não havia Internet nem microcomputadores. Nossa informação foi enviada para a Nasa, mas os astronautas ainda estavam a caminho da Lua, e só entrariam em órbita no dia 24 de dezembro. Apesar de não terem podido observar Aristarco de perto enquanto durou o fenômeno, eles confirmaram nossa observação, que foi incluída num documento da Nasa intitulado *Apollo 8 Photograph and Visual Observations*, editado pelo astrônomo americano William Chapman.

Chapman elaborara uma teoria segundo a qual os fenômenos transientes lunares seriam provocados pela atração gravitacional da Terra durante os períodos de maior aproximação entre a Lua e a Terra. Assim como a gravidade da Lua faz subir o nível dos mares na Terra provocando as marés, a gravidade da Terra provoca-

1. Eu, Ronaldo Mourão, e meus disfarces.

{ 2.

{ 3.

2. Aos 3 anos, um abraço carinhoso no meu irmão Rodrigo

3. Eu entre meus irmãos Virgílio e Rodrigo, em passeio à Quinta da Boa Vista, no Rio de Janeiro, em 1945.

4. Em busca dos astros. Varrendo o céu com a tradicional Cooke and Sons, equatorial de 46 cm, no Observatório Nacional, em 1945.

Arquivo pessoal

{5.

5. Em 1966 tive o privilégio de acompanhar membros da Sociedade do Progresso da Ciência da França na visita à usina nuclear de Chinon. Na ocasião, participei de um colóquio na cidade de Rouen, onde expus um novo método de cálculo das órbitas de estrelas duplas visuais.

6. Membros da União Astronômica Internacional reunidos no Observatório de Sproul, na Filadélfia, em 1972.

7. No teto do mundo. Fazendo pose no observatório Pic-du-Midi, nos Pireneus franceses, em 1965.

8. Momento familiar com meus filhos Cristina, Ronaldo Júnior e Pedro Paulo, em 1986.

{9.

{10.

9. Eu e o saudoso arquiteto Sérgio Bernardes, com quem troquei idéias para a elaboração do seu projeto arquitetônico para o Museu da Ciência de La Villette, Paris **10.** O cosmonauta russo Alexei Arkhipovitch, eu, o astronauta norte-americano Thomas P. Stanfford, acompanhados por Edson Roberto Molossi e Stefan Aeschbach, em evento no Rio de Janeiro, em 2001.

Arquivo pessoal

11.}

11. Jantar de confraternização da Sociedade do Progresso da Ciência da França, em 1964. Na charmosa Cave Vouvray, em Tours, tive a honra de sentar-me ao lado do astrônomo belga Sylvan Arend, meu orientador no Observatório Real da Bélgica.

{12.

12. Em companhia do inesquecível Darcy Ribeiro, quando da sua eleição para Academia Brasileira de Letras, em evento no Theatro Municipal do Rio de Janeiro, em 1992.

13. Em noite de gala na Academia Brasileira de Letras, em 1994, com o imortal Antônio Houaiss.

14. Encontro com o Nobel de Literatura José Saramago, em jantar oferecido pelo PEN Clube do Brasil, em 1999.

15.}

16.}

15. Em minha posse na Academia Brasileira de Literatura, em 2001, ladeado pelos ilustres Miridan Falci, Aimone Camardella, Geraldo de Menezes e Antônio Justa **16.** Cerimônia de posse na Academia Carioca de Letras, em 2001. À mesa, os notáveis Iracema Pereira, Geraldo de Menezes, Nilton Freixinho, Jonas Correia Neto e Jorge Picanço.

{17.

17. Ruy Carlos Ostermann, Crodowaldo Pavan e Luiz Henrique da Silveira (atual governador de Santa Catarina) prestigiando o lançamento do meu *Dicionário enciclopédico de astronomia e astronáutica*, em 1986.

18.}

19.}

18. Minha filha Cristina, minhas amigas Guiomar Simões e Zulmira Freitas, e meus filhos Marcelo, Ronaldo Júnior e Camila, no lançamento de *O livro de ouro do Universo*, em 2001

19. Eu, vovô coruja, com minha netinha Júlia, em 2001.

{20.

20. No observatório Pic-du-Midi, em 1965, experimentando a câmera fotográfica todo-o-céu, desenvolvida para o estudo da nebulosidade noturna.

ria emanações gasosas e fenômenos luminosos na superfície lunar. Parece que o meu comunicado ajudou Chapman a demonstrar suas idéias.

Mas nossa melhor visão de um transiente lunar só aconteceria sete meses depois, durante o vôo da *Apollo 11*, que levou os astronautas Neil Armstrong e Edwin Aldrin para o primeiro passeio na superfície lunar. Na noite de 19 de julho de 1969, um dia antes do pouso do módulo lunar *Eagle* na Lua, observamos uma luz esverdeada pulsante em Aristarco. Naquela noite estavam comigo na cúpula os professores José Manoel Luís da Silva e Wayre Cardoso. A luz em Aristarco também foi observada pelos astrônomos alemães Prusse e White, do Observatório de Bochum, pelo irlandês Terence Moseley, do Observatório de Armagh, e pelos próprios astronautas, que sobrevoavam a Lua no comboio formado pelos módulos de comando e serviço da *Apollo 11* e seu módulo de pouso lunar (batizados pelos astronautas com os nomes de *Columbia* e *Eagle*, respectivamente).

Acredita-se que essas luzes tenham relação com as emissões do gás radioativo radônio 222. Durante o vôo da *Apollo 15*, em julho de 1971, os sensores instalados no módulo de serviço da nave detectaram um aumento considerável de partículas alfa, emitidas pelo radônio, sempre que a nave sobrevoava aquela região. E o solo de Aristarco tem uma radioatividade quatro vezes maior do que as demais regiões da Lua.

Aristarco é uma cratera imponente, com 36 quilômetros de diâmetro e 3,6 quilômetros de profundidade. Parece um anfiteatro natural, com o solo em seu interior formando uma série de terraços em direção ao pico situado no centro. O solo de Aristarco é brilhante e a cratera pode ser notada como um ponto luminoso na Lua cheia.

As crateras da Lua foram formadas pelo impacto de asteróides há centenas de milhões de anos. As maiores recebem o nome de astrônomos célebres. Aristarco, por exemplo, foi batizada em homenagem ao grego Aristarco de Samos (310 a.C.-230 a.C.). Ele foi o primeiro homem a afirmar que a Terra girava ao redor do Sol, quase dezoito séculos antes de Copérnico.

Uma coisa curiosa a respeito das maiores crateras lunares, como Aristarco, é que elas são tão grandes que uma pessoa poderia andar em seu interior sem perceber que está numa cratera. A Lua é um mundo pequeno, e na sua superfície a linha do horizonte fica a apenas três quilômetros do observador. Em 1971 os astronautas da *Apollo 14* pousaram com seu módulo lunar dentro da cratera de Fra Mauro, que tem 95 quilômetros de largura. Quem vê as fotos do passeio lunar tem a impressão de que os astronautas Shepard e Mitchell estão caminhando em uma planície, porque o anel de montanhas que forma a cratera está muito abaixo do horizonte visível.

A história dos transientes lunares mostra que, na ciência, às vezes fenômenos que não são aceitos durante algum tempo passam a ser admitidos devido à evidência obtida nas observações. A participação do Observatório Nacional na rede Lion foi uma contribuição importante do Brasil para o esforço mundial de observação da Lua.

Ó COMPANHEIRÓ INVISÍVEL

No Observatório Nacional, comecei a me dedicar à observação e ao cálculo das órbitas das estrelas duplas visuais. Em 1969, pela análise da estrela dupla Aitken 14, constatamos uma perturbação, que procuramos explicar como proveniente da existência de um terceiro companheiro invisível. Essa constatação foi confirmada pelo astrônomo francês Paul Baize em trabalho publicado em 1972 na revista européia *Astronomy and Astrophysical*, ao afirmar ter visto o componente principal alongado.

Mais tarde o astrônomo austríaco Josef Hopmann, em artigo publicado pela Academia Austríaca de Ciências em 1973, com base no nosso trabalho, confirmou a existência desse companheiro invisível, determinando-lhe uma primeira órbita provisória.

Numa tarde de maio de 1970, apareceu no Observatório à minha procura o jornalista e escritor Roberto Pereira, autor de um livro interessante, *A conquista da Lua* (1969), publicado em fascículos pela Editora Abril. Seu objetivo era colher alguma notícia nova sobre pesquisa espacial. Naquele momento, além das missões *Apollo*, nada havia de novo que lhe pudesse fornecer além das minhas últimas publicações no Serviço Astronômico. Separei umas quatro ou cinco, que dei a ele. Pereira ficou folheando atentamente até o momento em que, com o trabalho referente à estrela Aitken 14 na mão, disse:

— Nesta publicação, você descobriu um planeta...

E eu respondi:

— Você deve atentar para o título do trabalho: "Será Aitken 14 uma estrela tríplice?".

Em seguida, Pereira mostrou seus conhecimentos sobre as componentes invisíveis que haviam sido detectadas por outros astrônomos e concluiu:

— Não tenho dúvida de que você descobriu um planeta.

No fim da semana, ao ler a revista *Veja* (de 20 de maio de 1970), encontrei um texto com o título: "O Planeta Caboclo", de autoria de Roberto Pereira, no qual o provável companheiro invisível da estrela Aitken 14 era anunciado como sendo um planeta. Na mesma semana, os jornais publicaram outras notícias sobre o assunto, o que motivou o poeta Carlos Drummond de

Andrade a escrever a crônica "O companheiro oculto de Aitken 14", publicada no *Jornal do Brasil* de 26 de maio de 1970:

"Cada vez sinto mais a força poética do conhecimento científico. Poeta, para mim, neste momento, é Ronaldo Rogério de Freitas Mourão, astrônomo-chefe da Seção de Equatoriais do Observatório Nacional. Seus livros de versos não contêm versos, embora obedeçam à métrica mais exigente: a micrométrica. Usa o menor número possível de palavras; exprime-se por algarismos, com rigor matemático. Entretanto, Rogério vê o invisível, o que me parece ser o objeto principal da poesia, e resultado que raros poetas conseguem obter em raros instantes de felicidade verbal.

Ver o invisível? Isso mesmo. Armado de poderosas lentes de observatório, não se satisfaz com o que elas lhe revelam; vai além, e, a poder de cálculos, identifica, suspensos no espaço, corpos alheios à vista humana. Ainda agora, descobriu o companheiro oculto de Aitken 14, estrela dupla.

As estrelas duplas são o forte desse moço pesquisador celeste, que já editou quatro séries de dados sobre pares de estrelas, fruto de observação própria. O catálogo do Lick Observatory, em 1964, informa sobre a existência conhecida, até 1960, de 64.247 estrelas duplas. Nesse universo fantástico, Ronaldo se move com a perícia (e a intuição poética) do caçador submarino que fisga espécies novas, para oferecê-las ao conhecimento humano.

Estrelas duplas, ou binárias, são as que se apresentam com características comuns de posição e movimento. O padre O'Grady, em seu dicionário do céu, salva minha ignorância, anotando que a origem desses sistemas estelares ainda é objeto de discussão; admite-se geralmente que as duplas resultam da divisão de estrelas simples, do mesmo modo que, ao se dividirem as duplas, se criam as triplas, e assim por diante. Seja como for, o certo é que a imagem desses astros conjugados em órbita é de extraordinária eficácia lírica. A relação amorosa fatalmente se insinua no conhecimento científico, ou este é que a sugere. Estrelas que não querem viver desgarradas, que se prendem por uma necessidade maior, denunciada pelo Dante: *l'amore che move il sole e l'altre stelle*. O verso medieval não se gastou, depois de tão repetido pela demagogia poética: a ciência de nossos dias o comprova.

Aitken 14 não se satisfez com a existência geminada; guarda consigo o segredo de outra companhia, de que Rogério Mourão foi descobridor à custa de muita e ordenada pesquisa, ele que retificou as medidas internacionais da Dunlop-203, e devassa o céu noturno, sem Lua, por meio de uma câmera todo-o-céu, de sua concepção. Que companhia é esta, invisível mas pulsante na página de números? A objetiva mais poderosa ainda não logrou captá-la. Não há imagem brilhante, disco estelar, anéis de difração. Tudo está entre Rogério e a folha de cálculos enigmáticos para nós leigos, mas isto se move, isto vibra, e amanhã, daqui a não sei quantos anos, terá conhecida sua natureza, sua composição, seu mistério: será talvez pisado por pés de homem. Segundo o "Informe JB", que dá a notícia, Rogério sabe que tão cedo sua descoberta não será cantada em prosa e verso. Nem precisa de canto. A descoberta é a própria poesia. Forma diversa da usada habitualmente para manifestar a criação poética, e mais direta: a criação do próprio fato de poesia, abstração tornada realidade. Não, Ronaldo Rogério de Freitas Mourão não necessita de prosa e verso, ou verso-prosa, para que visualizemos sua estrela oculta: ela está luzindo com apenas ser enunciada, e daqui lhe confesso minha inveja: ah, que sei apenas escrever a palavra estrela, e jamais descobrirei uma..."

Mil novecentos e sessenta e nove também foi o ano do meu primeiro casamento, com Lourdes, com quem tive um filho, Pedro Paulo Dreyfus Mourão (27/6/1970). Do meu segundo casamento, com Maria Lúcia, tive três filhos: Ronaldo Rogério de

Freitas Mourão Júnior (27/12/1979), Cristina de Freitas Mourão (27/3/1983) e Camila de Freitas Mourão (18/6/1989). Em 1991 separei-me de minha segunda esposa tendo ficado com a guarda dos três filhos. Em 1992 passei a viver com Guiomar Simões. Tenho um filho de criação chamado Marcelo Belo Davi e uma neta chamada Júlia, de três anos, filha de Cristina.

NO RASTRO DOS COMETAS

Quando comecei no Observatório Nacional, a observação dos cometas estava praticamente desativada, pois a grande preocupação era a determinação astronômica da hora por meio da luneta meridiana. Apesar de ter realizado algumas observações antes de minha viagem à Bélgica e à França, elas se limitavam ao registro visual e fotográfico, sem a redução para determinar sua posição, o que era muito importante para definir a sua órbita.

Logo que voltei, minha principal preocupação foi desenvolver o campo das estrelas duplas visuais. Uma das nossas dificuldades era o uso de um medidor de placas fotográficas capaz de fornecer resultados confiáveis.

A partir de 1975, um entendimento com o Observatório do Valongo, no Rio de Janeiro, permitiu que eu utilizasse o seu medidor Zeiss Jena, um modelo muito mais moderno do que aquele usado por mim na Bélgica durante meu estágio. Desde então determinei a posição de vários cometas.

O primeiro cometa que observei como astrônomo foi o Mrkos que havia sido descoberto a olho nu, em 2 de agosto de 1957, como um objeto de condensação central, de magnitude 3, e uma cauda de 1º, na constelação de Gemini (Gêmeos), a 7º leste de Castor, pelo astrônomo tcheco M. Mrkos, no Observatório de Monte Lomnice (na ex-Tchecoslováquia).

Com a câmera da equatorial Heyde de 21 cm de abertura tirei diversas fotografias que permitiram registrar a presença de duas caudas divergentes formando entre si um ângulo de 13°, tomando a sua parte central como vértice. Uma delas, a retilínea, com mais de 8°, tinha uma estrutura filamentar e nebulosa irregular; a outra, curva, mais larga e curta, era muito difusa. O astrônomo brasileiro Vicente Ferreira de Assis Neto, de São Francisco de Paula, MG, comunicou-me ter observado o cometa no período de 26 de agosto a 8 de setembro de 1957, efetuando estimativa de magnitude.

Como já explicamos anteriormente, os cometas são formados por um núcleo sólido, feito de gelo, poeira e gases congelados, que pode ter vários quilômetros de diâmetro. Quando o cometa se aproxima do Sol, esses gases se evaporam e são lançados em jatos a partir das crateras existentes na superfície do núcleo. Os gases e a poeira expelidos costumam formar duas caudas, uma de poeira e outra de gases. A cauda gasosa é retilínea, sendo soprada para trás pelas partículas eletricamente carregadas do vento solar. A cauda de poeira costuma ser curva. Dependendo da atividade no núcleo, um cometa pode desenvolver várias caudas, como foi o caso do cometa de Chéseaux, observado em 1744, que apresentou uma cauda ramificada formando um leque de 12 filamentos.

Entre 9 e 23 de março de 1962 observei, já agora com a luneta de 46 cm de abertura, o cometa Seki-Lines, que chegou a atingir a magnitude 4,7 no último dia de observação. Seu núcleo muito compacto apresentava-se com uma cauda retilínea de 9°, com alguns finos jatos próximos à cabeça. Este cometa foi descoberto visualmente, em 4 de fevereiro de 1962, pelo astrônomo japonês Tsutomu Seki em Kochi, Japão, e independentemente, pelo astrônomo americano Richard D. Lines em Phoenix, Arizona, próximo à estrela Zeta Puppis, como um objeto difuso de magnitude 9, sem condensação central e com uma pequena cauda de 1°. Em São Francisco de Paula, Vicente de Assis Neto observou-o de 26 a 30 de março. Depois da passagem do cometa pelo periélio (o ponto mais próximo do Sol) em 1° de abril de 1962, à distância de 0,03 UA*, ou seja, 4,5 milhões de quilômetros do Sol, o cometa seguiu uma trajetória inclinada de 65°, atingindo rapidamente o hemisfério norte.

No dia 29 de dezembro de 1969, observei pela primeira vez o cometa Tago-Sato-Kosaka. Até o dia 30 de janeiro fotografei o cometa diversas vezes, com a câmera Taylor da luneta equatorial de 46 cm de abertura do Observatório Nacional do Rio de Janeiro. No dia 29 de dezembro estimamos sua magnitude em 2,6. Além disso, observamos uma cauda tipo II (pouco curva), com uma extensão de 10°, que se apresentava dividida em dois ramos parabólicos, e uma outra, de tipo I (retilínea), brilhante e de estrutura filamentar. Nesse cometa foi aplicada pela primeira vez uma nova técnica de observação. Os astrônomos A. D. Code, T. E. Houck e C. F. Lillie, de Washburn, Wisconsin, EUA, conseguiram observá-lo no ultravioleta através do satélite *OAO2* (Orbiting Astronomical Observatory 2) munido de fotômetro e espectrômetro, e descobriram uma enorme cabeleira de hidrogênio, bem como uma emissão muito intensa proveniente de moléculas de OH**. No Brasil, esse cometa foi observado por L. E. da Silva Machado no Observatório do Valongo, no Rio, por Vicente Ferreira do Assis Neto, no Observatório do Perau, em Minas, e também por José Manoel Luiz da Silva, em Curitiba.

---

*UA = Unidade Astronômica. É a unidade de distância empregada no sistema solar. Equivalente à distância média entre o Sol e a Terra, aproximadamente 150 milhões de quilômetros.
**O radical hidróxilo é responsável por uma maior intensidade de brilho, próxima do infravermelho.

Em 4 de janeiro de 1970, observei e fotografei o cometa Bennett — um dos mais belos cometas já observados nas últimas cinco décadas no Rio de Janeiro —, descoberto visualmente em 28 de dezembro de 1969 como um objeto difuso de magnitude 8,5 na constelação de Tucana (Tucano) a 24° do Pólo Sul, pelo astrônomo amador sul-africano John Caister Bennett. Na primeira noite observei o cometa antes do pôr-do-sol, como um objeto de magnitude 7.

Entre 15 e 20 de janeiro, estimei a sua magnitude em 7,5 a 6,5, respectivamente; observei a sua cauda de tipo I (retilínea) com 30 minutos de comprimento. Por ocasião de sua passagem pelo periélio, determinei que o cometa atingiu a magnitude 0,7 em 20 de março, quando a cauda gasosa tipo I era quase tão brilhante quanto a cauda de poeira que, segundo a minha estimativa, ultrapassou 20° de extensão. Medimos sua cabeça em 5' e o seu núcleo em 0,2 a 0,4'. Tendo em vista a distância do cometa até a Terra, 104 milhões de quilômetros, no momento estimei que a sua cabeça tinha 140.000 quilômetros, e sua cauda, de 20°, estendia-se por cerca de 38 milhões de quilômetros. Seu núcleo apresentava-se com jatos em espiral facilmente visíveis com a equatorial de 46 cm do Observatório Nacional. No Brasil este cometa, além de ter provocado um grande impacto no público, foi intensamente observado por numerosos astrônomos, entre eles Nelson Travnik, de Juiz de Fora; Luís E. S. Machado, do Rio de Janeiro; Vicente de Assis Neto, de São Francisco, MG; J. Polman, de Recife; e J. M. Luiz da Silva, de Curitiba.

Em 24 de setembro de 1975, o astrônomo suíço Richard West descobriu em uma placa obtida no telescópio Schmidt do Observatório Europeu Austral, em La Silla, Chile, um cometa mais brilhante do que a magnitude 16 na constelação de Microscopium (Microscópio). Uma pesquisa mais cuidadosa permitiu registrar os traços desse cometa em placas realizadas anteriormente, em

10 e 13 de agosto. Esse cometa foi denominado West. Após ter sido anunciada sua descoberta, preparei-me para observá-lo por causa das previsões que sugeriam que depois de sua passagem pelo periélio, em 25 de fevereiro de 1976, ele deveria se transformar no objeto mais brilhante do mês de março daquele ano. De fato, o cometa permaneceu mais brilhante que a magnitude 3, de 18 de fevereiro até 17 de março. Nesse período obtive uma série de excelentes fotografias com a luneta de 4,6 cm. Quase todas mostraram, na cauda de poeira, faixas transversais brilhantes. Convém notar que antes da passagem pelo periélio o comprimento da cauda não excedeu a 1°, atingindo, porém, o seu máximo no início de março de 1976. Em 5 de março, a cauda de plasma havia chegado a um comprimento superior a 15°, enquanto a cauda de poeira atingiu 25° acima da cabeça e até 40° na parte mais brilhante. Além das faixas transversais brilhantes, esta cauda apresentou uma estrutura mais complexa. No início de abril, a cauda atingiu cerca de 6° de comprimento e, no começo de junho, somente 40' de comprimento. O fenômeno mais notável registrado durante a aparição deste cometa foi a ruptura de seu núcleo em diversos fragmentos. De 6 a 8 de março observou-se uma deformação no núcleo. Em 11 de março, o núcleo apresentou-se subdividido em três partes que formavam com o primeiro um quadrilátero de alguns segundos de lado. Em 17 de março, consegui registrar os quatro componentes em fotografia obtida no foco da equatorial de 4,6 cm. Nesta época, as componentes B, C e D se distanciavam respectivamente de 12", 8" e 6" do núcleo principal, A. Todas estas componentes sofreram importantes flutuações de brilho, especialmente a componente C, cujo brilho ultrapassou a principal diversas vezes antes do fim de março. A componente D, com brilho superior ao núcleo principal, apresentou a sua própria cauda durante algum tempo. O núcleo D se separou do principal 11,5 dias antes da passagem pelo periélio; o

núcleo B, 2,7 dias antes, e o núcleo C, o mais efêmero, 9,5 dias após a passagem. Uma outra hipótese sugere que 1,5 dia após a passagem, os núcleos B e D deixaram o núcleo A. A desintegração de um núcleo cometário em quatro partes é um fenômeno muito raro. Dos 20 registros anteriores ao cometa West, somente dois apresentaram este aspecto: o cometa Cruls e o cometa P/Brooks. No primeiro caso, após a sua passagem a cerca de 46 mil quilômetros da fotosfera (a camada externa do Sol) em 17 de setembro de 1882, no fim desse mês o cometa apresentou quatro ou cinco condensações alinhadas. No caso do cometa periódico Brooks, que passou pelo periélio no dia 30 de setembro de 1889, foram descobertos, a 1º de agosto, dois satélites cometários a cerca de 65" e 265" do cometa principal. Mais tarde foram registrados quatro outros objetos nebulosos. O cometa West foi provavelmente o mais notável dos grandes objetos cometários da última metade do século XX, porque, além de ter atingido um elevado brilho, desenvolveu uma das caudas mais espetaculares e complexas.

A AGRADÁVEL TAREFA DE DESCOBRIR ASTERÓIDES

"A descoberta de uma iguaria nova faz mais pela felicidade do gênero humano que a descoberta de uma estrela."

Brillat-Savarin (1755-1826),
La physiologie du goût (1825)

Ao ler o relato da viagem que o naturalista inglês Charles Darwin (1809-1882) fez ao redor do mundo a bordo do navio *Beagle* — um cruzeiro de cinco anos pela América do Sul e as ilhas do Pacífico —, o que mais me impressionou, além das descrições da fauna e da flora dessas regiões, foram suas observações sobre a transparência e ausência de nuvens no céu chileno. "Mesmo com o vento excessivamente frio, era impossível não se deter alguns minutos a fim de admirar incessantemente a cor do céu e a notável transparência da atmosfera."

Essas anotações do pai da teoria da evolução e seleção natural das espécies vêm à minha mente sempre que volto ao Observatório Europeu Austral (ESO) para observar os asteróides, com grande sucesso, quase sempre em virtude do excelente céu chileno e da notável organização do Observatório. Ele foi fundado no dia 5 de outubro de 1962, quando cinco países — Alemanha, Bélgica, França, Holanda e Suécia — reunidos em Leiden, na Holanda, associaram-se para criá-lo, tendo como objetivo construir um observatório astronômico bem equipado no hemisfério sul. Mais tarde, associaram-se ao empreendimento a Dinamarca, a Suíça, a Itália, Portugal e Grã-Bretanha (1980).

Logo que começou a ser discutida na União Astronômica Internacional a idéia de um observatório internacional, verificou-se que era prioritária a sua instalação no hemisfério sul, entre as latitudes de -10º e -35º e altitudes de 1.800 a 3.000 metros, já que praticamente não existiam instrumentos astronômicos nesse hemisfério. A pesquisa de um sítio apropriado para este observatório austral iniciou-se em 1953. As primeiras análises do astrônomo norte-americano Harold Shapley sugeriam que as investigações deveriam limitar-se, na América do Sul, ao norte do Chile, ao noroeste da Argentina, ao planalto boliviano e ao oeste do Peru; e, na África, ao Botsuana, à Africa do Sul, à Zâmbia, ao Zimbábue e outras regiões a sudoeste do continente. Após vários anos de prospecções, os europeus decidiram instalar-se no sul do deserto de Atacama, numa colina dos Andes em forma de sela de cavalo, donde o nome de La Silla. Seiscentos quilômetros ao norte de Santiago e a 2.400 metros de altitude, o observatório europeu está situado dentro de uma área de cerca de 600 km² adquirida do governo chileno. Não muito longe, a 160 km, encontram-se duas grandes cidades chilenas, La Serena e Coquimbo, ambas litorâneas, numa zona rica em minas de cobre.

Nesta mesma região, dois outros observatórios norte-americanos — Monte Palomar e Monte Wilson —, ambos associados à Carnegie Institution, instalaram um observatório em Las Campanas, 20 quilômetros ao norte de La Silla. Um pouco anterior ao observatório europeu foi o projeto que preconizava a criação de um observatório a ser explorado pelo Chile e pela Argentina, juntamente com a maioria dos países da América do Sul. Não tendo chegado a um acordo, os Estados Unidos resolveram, com o apoio do Chile, instalar o Observatório Interamericano em Cerro Tololo, 80 quilômetros ao sul de La Serena, depois de 1959. Até a queda do presidente Allende, um observatório soviético-chileno funcionou em El Robles, 80 quilômetros ao norte de Santiago.

A reunião de inauguração do ESO ocorreu em 25 de março de 1969, na cúpula onde, em 1971, seria instalado o telescópio Schmidt de 1 metro, cujo objetivo principal era o *Sky Survey*, programa de fotografia sistemática do céu, iniciado em 1948 para o hemisfério boreal com o telescópio Schmidt de 1,26 metro do Monte Palomar.

Atualmente o ESO tem 14 instrumentos, seis deles com mais de 1 metro de diâmetro. Seu maior telescópio, de 3,6 m, é o nono em dimensão em funcionamento no mundo e o terceiro entre os situados no hemisfério austral, depois do telescópio de 4 m do Observatório Interamericano, em Cerro Tololo, e do de 3,9 m do Observatório Anglo-australiano de Siding Spring, na Austrália.

No momento, os europeus estão concluindo a montagem de um instrumento de 6 a 10 metros em La Silla ou num sítio mais ao norte.

Minhas observações de asteróides foram realizadas com um astrógrafo* de 40 cm de abertura, anteriormente instalado em Zeekoegat, na África do Sul, e que entrou em serviço no Chile em junho de 1968. Este instrumento permitiu a realização da missão belgo-brasileira, chefiada pelo astrônomo Henri Debehogne, do Observatório Real da Bélgica, que incluiu astrônomos do Observatório Nacional, do Museu de Astronomia e Ciências Afins (ambos, na época, ligados ao CNPq) e do Observatório do Valongo (UFRJ), e que descobriu, desde 1979, algumas centenas de novos asteróides.

O funcionamento do Observatório Europeu Austral é mantido por 150 funcionários chilenos e mais 30 de origem européia. O elevado número de funcionários se deve ao período de escala, que exige uma duplicação de pessoal. Todos os dias chegam da Europa astrônomos visitantes que vão pesquisar em La Silla. Ao chegar a Santiago, o astrônomo visitante é recebido na Mansão de Hóspedes, onde dispõe de todo conforto, inclusive de uma piscina para se refazer de uma viagem de dez mil quilômetros. O centro administrativo de ESO, em Santiago, ocupa-se de todos os múltiplos problemas de cada astrônomo: seu transporte do aeroporto, passaporte, correspondência, transporte de instrumentos e acessórios de pesquisas etc. Em geral, no dia seguinte o astrônomo visitante é levado num pequeno avião até um aeroporto particular do observatório, com uma pista de aterrissagem de 1.600 m, e dali é conduzido de carro ao observatório, situado a 20 quilômetros.

---

*Instrumento para determinar a posição dos astros por meio da fotografia.

Em La Silla, além das cúpulas, os astrônomos encontram oficinas de manutenção e reparo de instrumentos, que funcionam dia e noite, oficina mecânica para conserto de automóveis, uma central elétrica, unidade de tratamento de água, um sistema de ligação telefônica e telegráfica, e, atualmente, com Internet, vários quartos muito confortáveis e um excelente restaurante, o que torna este observatório, sem dúvida, um dos mais importantes centros de pesquisa astronômica do mundo, um lugar muito agradável; a qualidade gastronômica de seu restaurante recorda o aforismo de Brillat-Savarin: "A descoberta de uma iguaria nova faz mais pela felicidade do gênero humano que a descoberta de uma estrela."

O ESO constitui uma autêntica cidade de astrônomos e uma das maiores atrações turísticas do Chile, aberta ao público aos domingos. A visita é feita mediante autorização do Centro Administrativo do ESO, em Santiago, e mesmo que não se consiga penetrar no interior de todas as cúpulas, a paisagem e a transparência do céu encantarão o turista e lhe permitirão experimentar as sensações que marcaram o relato de Charles Darwin.

PARA SER ASTRÔNOMO

Hoje o melhor caminho para quem deseja ser astrônomo é fazer o curso da Universidade Federal do Rio de Janeiro, no Observatório do Valongo. Porque a melhor formação está lá, você aprende matemática e física, aprende a ter uma visão mais completa da astronomia. Um dos problemas atuais é que as pessoas estão se especializando muito cedo. Quando trabalhei com o Sylvan Arend na Bélgica, ele me dizia: "Você leva uma vantagem, Ronaldo, porque você fez astronomia meridiana, e tem uma visão mais global."

Ele queria se referir aos astrônomos que tinham se especializado desde cedo, dedicando-se a um campo específico da astronomia, como ocorria com os outros assistentes dele no Departamento de Astrometria e Mecânica Celeste do Observatório Real da Bélgica.

É claro que existem outros caminhos. A pessoa pode cursar matemática e depois seguir astrometria, pode fazer física e depois optar pela astrofísica, mas sempre ficarão lacunas na formação, enquanto aqueles que fazem um curso geral, como o do Valongo, ficam com uma visão global da astronomia, que é muito importante quando você quer inovar, criar novos processos. Porque para isso você precisa de uma visão histórica, de como foi a astronomia, que processos eram utilizados. Sem isso, às vezes você pensa que está criando alguma coisa e outras pessoas já fizeram isso.

Nisso o Museu de Astronomia tem uma grande importância, porque nós conservamos uma série de equipamentos que são únicos no Brasil, certos tipos de teodolitos, astrolábios especiais, sextantes. Eu até acho que deveria ser exigido dos estudantes de astronomia um certo contato com esses instrumentos antigos, para que eles conheçam o modo melhor como a astronomia se desenvolveu.

Eu não deixo de dar importância aos outros caminhos. A astronomia precisa daqueles que se formaram em engenharia eletrônica ou em computação. Mas, para serem astrônomos, essas pessoas precisarão fazer uma complementação em um curso como o do Observatório do Valongo.

O curso de astronomia da UFRJ foi criado em 1961 por Luiz Eduardo Machado. Ele era astrônomo do Observatório Nacional e saiu para criar esse curso, o primeiro de formação de astrônomos no Brasil. Um fato curioso é que durante muitos anos houve uma rixa entre o Observatório Nacional e o Valongo. Mas isso foi na época do Lélio Gama e do Luiz Eduardo da Silva Machado. Os dois não se entendiam. Eu achava que era preciso acabar com essa briga e levei várias pessoas para freqüentar o Valongo, entre elas o Henri Debehogne, que trabalhou comigo na pesquisa de asteróides no Chile.

Na minha opinião, os observatórios só devem ter cursos de pós-doutorado. O mestrado e o doutorado têm que ser feitos na universidade, porque lá a formação é mais abrangente. Os institutos de pesquisa devem ser centros de excelência; se eles ficarem se ocupando com o ensino e a divulgação, vão se desviar da sua finalidade maior.

A universidade, como o próprio nome indica, dá uma visão universal. Eu acho que a concepção da Universidade de Brasília, como foi o projeto inicial do Darcy Ribeiro, é uma coisa fantástica. Você tinha o centro de ciência, onde podia fazer vários estudos. Num curso de direito você podia fazer um curso de astronomia se quisesse, por exemplo, dedicar-se ao direito espacial. Quando visitei o Observatório de Sproul, na Filadélfia, o Peter Van de Kamp me mostrou uma turma de advogados. Eles estavam fazendo direito mas tinham aulas de astronomia. Porque a astronomia tem a sua utilidade no direito. No Observatório, várias vezes tive que dar pareceres sobre a posição e as fases da Lua para resolver um determinado crime. Uma pessoa alegava que não pudera ver a vítima porque não tinha luz, mas se naquela noite houvesse a luz do luar, ela poderia ver muito bem. Às vezes era preciso recorrer à meteorologia, porque alguém alegava que o céu estava encoberto em determinado dia e era preciso investigar essa possibilidade.

A astronomia não está muito afastada do cotidiano das pessoas. Elas pensam que está, mas não é verdade. E agora, com a astronomia espacial, você fica ainda mais ligado às informações que os satélites transmitem sobre as condições atmosféricas destinadas à previsão do tempo, a localização de barcos e aviões pelo sistema GPS, a telefonia e a televisão intercontinentais.

Mas voltando à Universidade de Brasília, acho fundamental aquela idéia de um instituto central de ciências, onde o aluno teria a possibilidade de estudar várias coisas. Quem quer se dedicar à bioastronomia ou à exobiologia, por exemplo, vai fazer astronomia, mas também terá que fazer biologia e outras matérias facultativas para poder pesquisar a vida fora da Terra. E isso só se tem dentro de uma universidade.

Já os institutos de pesquisa são mais voltados para a especialização. Entretanto, acho que o pessoal do Observatório e das instituições de alta pesquisa deve ser chamado para dar cursos periódicos na universidade sobre determinados temas. Isso é importante porque a nossa universidade precisa ser cada vez mais valorizada. E o que sentimos é que ela está perdendo aquela importância que tinha há alguns anos. Nossas universidades eram mais conceituadas porque o governo dava mais importância a elas.

Em relação ao mercado de trabalho, uma pessoa que se forma atualmente em astronomia pode trabalhar nos institutos de pesquisa do governo ou em empresas que usam a tecnologia espacial, como a Embratel, que precisa de astrônomos para calcular as órbitas e as posições dos satélites de comunicações.

Com o doutorado, a média salarial do astrônomo fica em torno de 2 mil reais, o que é um salário muito baixo. Lembro-me de que, na época dos militares, nós ganhávamos um salário equivalente a três mil dólares. Isso mostra a queda violenta que houve nos nossos salários, o que só estimula a evasão de talentos para o exterior. As pessoas estudam aqui e depois vão embora, trabalhar no estrangeiro. A evasão de cérebros tende a piorar, e o nosso país não pode sofrer essa drenagem de talentos. Ficamos formando as pessoas para depois mandá-las embora, para trabalhar nos centros de pesquisa da Europa e dos Estados Unidos. Isso é ruim para o Brasil.

AS ÁREAS DE PESQUISA

Um astrônomo pode escolher entre várias áreas de pesquisa dentro da astronomia. Temos a astrometria, que calcula as órbitas e as posições dos astros e dos veículos espaciais. Existe a astrofísica, que estuda a natureza e a composição dos astros, e a cosmologia, que estuda a origem, a formação e a descrição do Universo como um todo.

O astrônomo observa o Universo por meio da radiação eletromagnética que os corpos celestes e o próprio Universo emitem. A radiação eletromagnética pode ser a luz visível, que nossos olhos usam para formar imagens, as ondas de rádio, os raios infravermelhos e ultravioleta e as radiações de alta energia, como os raios X e os raios gama. Cada um desses tipos de radiação é uma janela diferente, que nos permite observar aspectos diferentes do cosmo que nos cerca.

Com a luz visível observamos as características dos planetas, suas superfícies e atmosferas. Observamos as grandes associações de estrelas, dos aglomerados estelares às gigantescas galáxias.

As ondas de rádio nos revelam fenômenos que acontecem nas galáxias ativas, os pulsares e outros astros exóticos que emitem na faixa de rádio. A radioastronomia também é importante para os polêmicos programas de pesquisa Seti, a busca de outras civilizações que poderiam existir além do nosso sistema solar. Essa é a área de atuação do radioastrônomo, na qual o conhecimento de engenharia eletrônica é vital para o desenho de novos detectores e analisadores de ondas de rádio. A eletrônica deu aos caçadores de civilizações extraterrestres aparelhos que permitem ouvir centenas de canais de rádio ao mesmo tempo, em busca de um sinal de vida inteligente.

A astronomia dos raios infravermelhos estuda principalmente os processos de formação de novos sistemas solares, captando as emissões de calor dos discos de acreção, discos de poeira e detritos, onde os planetas se formam ao redor de estrelas jovens, como Vega ou Beta Pictoris. Já os astrônomos que se dedicam ao estudo das emissões ultravioleta, da radiação gama e da X mergulham no reino das galáxias ativas, dos buracos negros e das estrelas de nêutrons, astros nos quais ocorrem processos que envolvem temperaturas altíssimas, como os discos de matéria ao redor dos buracos negros, onde a matéria é aniquilada num vórtice gravitacional.

Cada uma dessas áreas de pesquisa exige um instrumental diferente. Na astronomia óptica temos os vários tipos de telescópios, das antigas lunetas aos mais modernos telescópios de óptica ativa. Outro instrumento fundamental neste campo é o espectroscópio, que decompõe a luz dos astros nos vários comprimentos de onda. Ele permite estudar as faixas de radiação que foram absorvidas pela atmosfera de estrelas e planetas, e com isso podemos determinar sua composição, conhecer os vários gases e elementos químicos presentes em um determinado astro.

Já os radioastrônomos comandam gigantescas antenas parabólicas, que captam os sinais de rádio vindos do céu. Na década de 1960 a radioastronomia fez descobertas fascinantes, como foi o caso dos pulsares, astros que emitem pulsações de rádio muito precisas em intervalos de milésimos de segundo. Quando o primeiro pulsar foi descoberto, em 1967, pelo astrônomo Anthony Hewish e sua aluna Jocelyn Bell, houve quem imaginasse que estávamos captando sinais emitidos por extraterrestres. Uma pulsação de rádio tão precisa só poderia ter origem artificial. O primeiro pulsar recebeu provisoriamente a sigla LGM, do inglês *little green men* (pequenos homens verdes). A realidade era tão fantástica quanto uma espaçonave tripulada por ETs.

Por meio dos pulsares os astrônomos descobriram o que acontece com algumas estrelas de grande massa. Uma estrela, seja ela o Sol que ilumina a nossa Terra, ou Rigel, que brilha nas noites de verão, é uma grande esfera de gases, mantida em equilíbrio por duas forças, a atração da gravidade, que tende a comprimir a estrela, e a pressão da radiação, que tende a inflá-la. As estrelas são feitas principalmente do gás hidrogênio. No seu núcleo o hidrogênio se transforma em hélio pela fusão nuclear, produzindo o calor e a radiação que mantêm a estrela em equilíbrio.

Quando o combustível da estrela começa a se esgotar ela se torna instável. Se for uma estrela como o Sol, suas camadas externas são lançadas no espaço, formando uma nebulosa planetária, uma bolha de gases em expansão que, vista de longe, parece um anel de fumaça. Enquanto isso o núcleo, a parte central da estrela, acaba por implodir, formando um astro pequeno e superdenso, que chamamos de estrela anã branca.

Já as estrelas maiores do que o nosso Sol, como as gigantes vermelhas Betelgeuse e Antares, sofrem uma explosão muito mais violenta. Se forem muito maciças, elas detonam com um brilho de 1 bilhão de sóis, iluminando toda a galáxia, e são chamadas de supernovas. O núcleo dessas estrelas maciças é esmagado até virar uma bola de nêutrons, com 10, 15 quilômetros de diâmetro, tão densa que uma colher dessa matéria pesaria milhões de toneladas. Se essa estrela de nêutrons tiver um campo magnético muito intenso, ela passa a emitir feixes de radiação, luz, ondas de rádio, raios X, que dão origem aos sinais do pulsar.

Mas existem estrelas ainda maiores do que as gigantes, as supergigantes. E o que acontece com elas quando seu combustível nuclear acaba é ainda mais fantástico. O núcleo dessas estrelas desaba sobre si mesmo e vai encolhendo, tornando-se cada vez mais denso, até dar origem a um buraco negro, um astro invisível cuja gravidade é tão intensa que nem a luz consegue escapar dele. Os buracos negros são o objeto de pesquisa da astronomia de raios X e raios gama. Vários buracos negros foram descobertos nos últimos dez anos, a maioria no núcleo de galáxias.

Essa foi uma área de pesquisa que também se beneficiou muito da corrida espacial dos anos 60. A atmosfera da Terra bloqueia essas radiações de alta energia. No início os astrônomos colocavam instrumentos em balões que subiam até as camadas mais altas da atmosfera para captar os raios X e gama vindos do espaço. Com o desenvolvimento da astronáutica, foi possível lançar satélites equipados especialmente para o estudo dessas radiações, como é o caso do Observatório Compton, lançado pela nave tripulada *Atlantis* em 1991, e do telescópio de raios X Chandra.

O astrônomo moderno tem toda uma frota de veículos espaciais que complementam as observações feitas da Terra. O mais famoso é o Hubble, que observa o Universo na faixa da luz visível e da ultravioleta. A vantagem do Hubble é que ele flutua acima da atmosfera da Terra, livre das distorções provocadas pelo ar agitado. Com ele podemos obter imagens de Marte e Júpiter quase tão nítidas quanto as enviadas pelas sondas espaciais. Por intermédio de sondas-robôs, podemos explorar a superfície dos planetas, asteróides e cometas, recolhendo amostras destes corpos celestes para posterior análise na Terra. E podemos sondar os limites do espaço e do tempo.

Isto acontece porque a velocidade da luz e das radiações eletromagnéticas é finita. A luz viaja pelo vácuo com uma velocidade aproximada de 300 mil quilômetros por segundo. Quando observamos uma galáxia situada a dois milhões de anos-luz da Terra, estamos vendo como ela era há dois milhões de anos, porque a luz que trouxe a sua imagem para os nossos telescópios levou esse tempo para chegar à Terra. Quando os chineses observaram a nova estrela no céu no ano de 1054, eles estavam vendo um fenômeno que acontecera cerca de 6.500 anos antes. Esse foi o tempo que a luz da explosão estelar levou para atingir a Terra e brilhar nos céus do mundo no ano de 1054.

Assim, quando os grandes telescópios captam imagens de galáxias situadas a bilhões de anos-luz, como é o caso das galáxias ativas que os astrônomos chamam de quasares, estamos vendo o Universo como ele era há bilhões de anos. A essas distâncias o telescópio se torna uma máquina do tempo, revelando ao homem moderno os momentos iniciais da formação do cosmo.

A astronomia moderna responde a perguntas fundamentais que intrigaram a humanidade durante milênios. Quem somos, de onde viemos, para onde vamos. Sabemos, por exemplo, que somos feitos da poeira de estrelas que explodiram há bilhões de anos. Todos os elementos que formam nossos corpos, como os átomos de carbono, essenciais para a química da vida, foram criados dentro de estrelas. Aqueles pontos de luz que vemos brilhando no céu noturno são fornalhas cósmicas onde a matéria-prima da vida é constantemente manufaturada. Nelas o hidrogênio primordial é transformado em hélio e posteriormente em outros átomos mais pesados, como o carbono e o oxigênio. Quando a estrela explode no fim do seu ciclo de existência, ela derrama no Universo os elementos que irão formar novas estrelas, planetas e seres vivos. Não é de admirar que o espaço estrelado inspire a admiração e a poesia entre os homens. No fundo, somos filhos das estrelas e para elas estamos tentando voltar.

A ASTRONOMIA ATRAVÉS DO TEMPO

A astronomia é uma das ciências mais antigas. Se olharmos a sua história como um todo, veremos que ela já passou por três eras. A primeira vai das antigas civilizações da Mesopotâmia e da Grécia até a invenção do telescópio, no século XVII. Naquela época os astrônomos observavam o céu a olho nu, mapeando as constelações, acompanhando o movimento dos planetas, anotando o aparecimento de cometas e outros fenômenos. Mas não tinham como ampliar a imagem dos astros para conhecer melhor sua natureza e estrutura.

A era do telescópio começa em 1609, quando o físico e astrônomo italiano Galileu Galilei usou pela primeira vez uma luneta para ampliar a imagem dos astros. Galileu viu as crateras da Lua, as manchas e os satélites de Júpiter, e com esse conhecimento ele revolucionou a história da ciência. Logo depois, em 1611, o astrônomo alemão Johannes Kepler sugeriu que se substituísse a lente côncava da ocular por uma lente convexa, criando a primeira luneta astronômica.

As lunetas foram aumentando de tamanho e logo começaram a ser substituídas pelos telescópios refletores, que usam espelhos côncavos no lugar de lentes. O primeiro foi construído em 1668 por *sir* Isaac Newton, o famoso físico e matemático inglês. O telescópio refletor corrigiu a maioria das imperfeições das antigas lunetas e revelou um mundo novo. Com os grandes telescópios refletores do final do século XIX os astrônomos puderam mergulhar no mundo das galáxias.

A era moderna da astronomia começa no século XX, com o desenvolvimento da radioastronomia, que usa grandes antenas parabólicas para captar as ondas de rádio emitidas por estrelas e galáxias. A radioastronomia surgiu em 1931, quando o físico norte-americano Karl Jansky descobriu por acaso a existência de ondas de rádio que vinham do centro da nossa galáxia. Hoje os radioastrônomos comandam instrumentos gigantescos, como a antena parabólica de 305 metros de diâmetro construída sobre um vale em Arecibo, Porto Rico.

E finalmente, a partir da década de 1960, tivemos o desenvolvimento da astronomia espacial, que usa satélites e observatórios em órbita para estudar os astros nas faixas de radiação ultravioleta, infravermelha, gama e radiação X. Essas radiações são bloqueadas pela atmosfera da Terra, e só podem ser captadas sem interferência acima da atmosfera terrestre. Satélites como o Iras, o Cobe, o Compton e o IUE ampliaram a visão dos astrônomos modernos até alcançarem os limites do espaço e do tempo.

Cada um desses saltos tecnológicos permitiu um entendimento mais profundo da natureza do Universo em que vivemos e da estrutura dos astros. Um exemplo interessante é o caso da nova estrela observada por astrônomos chineses em 1054. Naquele ano os chineses registraram o aparecimento de uma estrela brilhante na constelação do Touro. O novo astro brilhou durante vários dias e depois desapareceu. Na era pré-telescópio, tudo que os chineses puderam fazer foi anotar a visão da nova estrela e sua posição no céu. O que era aquele novo astro estava além da capacidade de observação a olho nu.

Com a invenção do telescópio, os astrônomos do século XIX descobriram uma nuvem de gases no ponto exato onde os chineses tinham visto a nova estrela em 1054. Charles Messier, astrônomo francês, catalogou as nebulosas. Com o tempo, o catálogo ficou conhecido como Messier, e esta nebulosa de Messier 1 ou M-1, por ser a primeira da relação. Ficamos sabendo que uma estrela tinha explodido naquele local criando uma nebulosa, a nebulosa do Caranguejo, como ficou conhecida a Messier 1. Essas explosões estelares passaram a ser chamadas de supernovas.

No século XX, com a radioastronomia, foram captadas as emissões de rádio do pulsar do Caranguejo, batizado de PSO 532, o núcleo da estrela que explodiu, oculto dentro da nuvem de gases da nebulosa. Assim, cada nova geração de astrônomos olhou mais profundamente para dentro do fenômeno da explosão estelar, registrado pela primeira vez em 1054. Agora, com os telescópios espaciais, toda a estrutura da estrela destruída pode ser analisada. O que os antigos chineses viram apenas como uma luz brilhante no céu, vemos hoje como um objeto fantástico: uma estrela de nêutrons com menos de vinte quilômetros de largura, girando em torno de seu eixo com uma velocidade tão grande que dá 30 voltas completas em um segundo. Com jatos de energia escapando de seus pólos e varrendo o céu como os fachos de um farol cósmico. O coração da estrela destruída.

A cada inovação tecnológica nossa visão dos astros se torna mais aguçada. E o Universo em que vivemos torna-se mais belo, mais fascinante.

O FUTURO DA ASTRONOMIA

Os jovens que ingressam no curso de formação de astrônomos hoje em dia podem ter certeza de que vão participar de uma era de ouro de descobertas e inovações, com a qual os astrônomos do passado só podiam sonhar. Não importa se o Brasil é um país do Terceiro Mundo, onde se dá pouco apoio à pesquisa científica pura. Por meio de acordos de cooperação internacionais, os astrônomos brasileiros têm trabalhado com instrumentos de última geração e participado de pesquisas de ponta com seus colegas do Primeiro Mundo.

Nos últimos vinte anos, os astrônomos do Observatório Nacional do Rio de Janeiro, para citar só um exemplo, participaram de pesquisas envolvendo o telescópio espacial Hubble, da Nasa, o gigantesco radiotelescópio de Arecibo, em Porto Rico, e os telescópios de última geração dos observatórios europeus nos Andes chilenos. Qualquer jovem brasileiro que sonhe em ser astrônomo neste início do século XXI pode ter certeza de que vai estar no meio de toda essa revolução científica, trabalhando ativamente na solução dos mistérios mais profundos do Universo.

No Chile, aqui perto, como já dissemos, ficam situados alguns dos mais modernos observatórios astronômicos do mundo. Além do Observatório Europeu Austral, do Interamericano e daquele mantido pela Carnegie Institution, o programa Gemini vai instalar um telescópio de oito metros de abertura em Cerro Pachón, nos Andes chilenos. O programa envolve a participação dos Estados Unidos, que financiam 50% do projeto, Canadá (20%), Inglaterra (20%), Chile (5%), Argentina (2,5%) e Brasil (2,5%). Essa participação brasileira vai garantir aos nossos astrônomos 17 noites por ano para fazerem suas pesquisas com o telescópio gigante de última geração, equipado com óptica adaptativa. Outro projeto importante é o SOAR — Southern Observatory for Astrophysical Research—, telescópio de 4,2 m, em Cerro Pachón, no qual o Brasil participa com 30% dos custos.

Os jovens que se especializarem no campo da cosmologia também viverão tempos fascinantes. Em junho do ano passado a Nasa lançou ao espaço a sonda MAP, sigla de Microwave Anisotropy Probe (Sonda de Microonda Anisotrópica). Ela vai orbitar o Sol em uma região de equilíbrio conhecida como ponto de Lagrange. Seu objetivo é observar a radiação cósmica de fundo, energia que foi emitida há 15 bilhões de anos, quando o Universo estava se formando. Essa radiação foi detectada pela primeira vez em 1965, e parecia extraordinariamente uniforme. Ela era igual em qualquer direção do céu que se observasse. Mas no início da década de 1990, o satélite Cobe (Cosmic Background Explorer, em português Explorador da Radiação Cósmica de Fundo) detectou flutuações que poderiam ter provocado o nascimento das primeiras galáxias. Agora, com o MAP, será possível fazer um mapa completo de todo o ruído de rádio deixado pelo *big-bang*, a explosão que criou o Universo há 15 bilhões de anos, com uma resolução inédita. Enquanto os cosmólogos do século XX só podiam teorizar sobre o nascimento do Universo, os pesquisadores do século XXI vão observar de fato o que aconteceu no cosmo primordial.

Enquanto alguns astrônomos olham para trás no tempo, estudando como tudo começou, outros querem saber como tudo vai acabar. Atualmente o Universo está se expandindo, com todas as galáxias se afastando umas das outras. Não sabemos se esta expansão vai continuar para sempre ou se o Universo vai acabar se contraindo e implodindo de novo num ponto ou singularidade*. Para descobrir o que vai acontecer, precisamos determinar a quantida-

---

*Região do espaço-tempo na qual as leis da física não vigoram e as equações perdem o seu significado.

de de matéria existente no Universo. O problema é que uma parte desta matéria é invisível, formando a chamada matéria escura que os astrônomos estão tentando observar. Várias experiências nesse sentido estão em curso, entre elas o projeto francês Eros, que envolve observações com os telescópios de La Silla.

Outro campo de pesquisa fascinante é o da procura de planetas extra-solares, planetas que orbitam outras estrelas além do nosso Sol. Na última década do século XX foram detectados sinais de novos planetas, orbitando estrelas como 51 do Pégaso e 70 da Virgem. Com os instrumentos atuais só podemos perceber sinais de planetas gasosos gigantes, como Júpiter e Saturno, estudando as oscilações que eles provocam no movimento das estrelas. Ainda não temos condições de procurar planetas semelhantes à Terra que possam existir na órbita de outras estrelas. Mas com a astronomia espacial isso vai mudar. Até o ano 2010 a Nasa pretende lançar o Terrestrial Planet Finder (Descobridor de Planetas Terrestres), um conjunto de telescópios espaciais mais poderoso do que o Hubble, que poderá observar novas Terras orbitando sóis distantes.

O TPF será formado por um conjunto de cinco espaçonaves voando em formação em uma órbita solar próxima da Terra. Quatro desses engenhos estarão equipados com telescópios de 3,5 metros de abertura. Eles serão apontados simultaneamente para a estrela que se quer estudar. Vão captar a radiação infravermelha emitida pela estrela e refleti-la para um quinto veículo espacial que estará no meio da esquadrilha. É lá que a imagem será focalizada. Os quatro feixes serão combinados de modo que as ondas de luz interfiram umas nas outras, cancelando a luz da estrela no centro da imagem, mas mantendo a débil luminosidade dos planetas que possam existir por perto. A procura de planetas do tipo terrestre é importante para que possamos saber se existem outros mundos como a Terra, nos quais a vida também poderia ter surgido e se desenvolvido.

Antes do TPF, irá ao espaço, em 2005, a SIM, sigla em inglês de Missão de Interferometria Espacial. Ela vai combinar a luz de dois telescópios que flutuarão no espaço separados por uma distância de 10 metros. Seu objetivo é medir a posição das estrelas com tamanha precisão que os astrônomos poderão detectar qualquer oscilação em suas trajetórias provocada pela presença de planetas. O objetivo da SIM é determinar quais as estrelas que podem ter planetas com o tamanho e a massa da Terra. Dessa maneira, quando o TPF entrar em órbita, em 2010, ele será direcionado para observar as estrelas com maior probabilidade de estarem acompanhadas por esses planetas do tipo terrestre.

Os novos telescópios também tornarão mais produtiva a pesquisa das regiões de formação de estrelas, grandes nuvens de gás onde novas estrelas estão nascendo, como é o caso da região da nebulosa de Órion. O estudo das estrelas jovens, em que discos de matéria estão se condensando para formar planetas, também vai permitir a produção de muitos trabalhos interessantes.

Os astrônomos planetologistas, que estudam os planetas, e os selenólogos, que estudam a Lua, também vão dispor de um rico material para estudar nos próximos dez anos. No caso da Lua, há grande interesse em se determinar se existem reservas de água nas suas regiões polares. Até empresas particulares, como a Lunarcorp americana, pretendem mandar robôs para procurar água na Lua. A essas missões se somarão as sondas *Selene*, do Japão, e *Euromoon*, da Agência Espacial Européia (ESA). Todas essas missões vão produzir uma quantidade de dados que exigirá um esforço internacional para ser devidamente analisada e estudada.

No caso dos planetas, estão programadas missões espaciais importantes para se determinar a quantidade de água e a composição do solo de Marte, estudar o oceano coberto de gelo que existe na lua Europa, que orbita o planeta Júpiter, e pesquisar o misterioso mundo enevoado de Titã, a maior lua do planeta Saturno. Até o distante e apagado Plutão será alvo de uma sonda espacial, a *Pluto Express*.

Até aqui a agência espacial americana monopolizou os projetos de envio de robôs para estudar o planeta Marte. Mas desde 2003 o estudo de Marte com sondas espaciais se tornou um empreendimento internacional. A Agência Espacial Européia lançou a sonda *Mars Express*, que entrou em órbita ao redor de Marte para estudar o planeta. O Japão enviou a sonda *Nozomi* (Esperança).

Talvez o leitor esteja se perguntando: mas qual a importância, para um astrônomo brasileiro, dessas missões espaciais milionárias do Japão, da agência européia ESA e da Nasa? Elas abrirão um mercado de trabalho para pesquisadores do mundo inteiro. É bom lembrar que na década de 1990 pesquisadores brasileiros integraram as equipes da Nasa que comandaram as missões da nave *Galileu* a Júpiter e da *Pathfinder* a Marte, e, recentemente, uma brasileira, a astrônoma Rosaly Lopes, começou a estudar Europa, satélite de Saturno. Quem pode afirmar que não haverá brasileiros no controle da missão tripulada a Marte, que vai dar início à colonização, ou dos robôs que vão procurar água nos pólos lunares?

Em 2006 estará concluída a construção da Estação Espacial Internacional, ISS, projeto do qual o Brasil participa. Concluída a montagem da ISS, os esforços da astronáutica poderão se voltar para empreendimentos ainda mais ambiciosos. Uma proposta fascinante é a construção de um observatório astronômico no lado oculto da Lua. Lá os astrônomos do século XXI poderiam contar com um céu livre de interferências atmosféricas e com toda a massa da Lua para bloquear a luminosidade e os ruídos de rádios vindos da Terra. Há muitas pesquisas importantes que poderiam ser desenvolvidas numa base-observatório lunar, e o projeto vem sendo debatido na comunidade astronômica internacional desde a década de 1960. Um dos sítios propostos é a cratera Saha, com 100 quilômetros de largura. Ela fica no equador lunar, um pouco além da borda da face visível, o que facilita o acesso. Os japoneses até fizeram pesquisas para a produção de cimento usando a poeira e o solo lunares, cimento que seria usado para construir as estruturas da base-observatório. Um jovem que entra hoje no curso de formação de astrônomos pode sonhar em terminar sua carreira trabalhando na Lua, no futuro Observatório Lunar Internacional, que talvez seja uma realidade aí por volta do ano 2020. Afinal, a ISS era apenas um sonho, um projeto nas pranchetas dos engenheiros há 20 anos. Hoje a estação espacial é uma realidade.

Por enquanto o projeto de um observatório lunar espera que os engenheiros desenvolvam meios de transporte eficientes, para permitir o retorno dos homens à superfície da Lua. As espaçonaves *Apollo*, usadas pelos exploradores lunares do século passado, eram extremamente caras e ineficientes. Para chegar até a Lua elas precisavam ser impulsionadas por um foguete de 110 metros de altura que era inteiramente destruído num único vôo. Para que possamos construir bases na Lua precisamos de uma lançadeira lunar, um veículo espacial reutilizável, compacto e econômico.

Vários projetos de naves assim já foram apresentados dentro da comunidade aeroespacial. Um deles é a *moon shuttle*, ou lançadeira lunar, proposta pela empresa americana General Dynamics. Trata-se de uma nave lunar tão compacta e leve que poderá ser levada ao espaço dentro do compartimento de carga das naves tripuladas que voam para a estação espacial internacional, como a *Atlantis* ou a *Endeavour*, da Nasa. Uma vez em órbita, a lançadeira lunar se acoplará à estação espacial, onde será vistoriada e equipada para seu vôo até a superfície da Lua. Deixando a estação espacial, ela se unirá a um estágio propulsor do tipo

Centauro, lançado ao espaço separadamente, e voará para a Lua com dois ou três astronautas-pesquisadores a bordo. Concluídas as pesquisas na Lua, a *moon shuttle* voltará para se encontrar com a estação espacial em órbita da Terra.

Naves assim poderão produzir uma revolução tão grande na selenografia quanto as missões pioneiras da década de 1960. Talvez um dia um selenógrafo brasileiro venha a caminhar pelos terraços da cratera Aristarco, estudando no próprio local aquelas emissões de gases fluorescentes que eu observei do Rio de Janeiro no Natal de 1968.

PARTE 2
A ÉTICA NA ASTRONOMIA

UMA QUESTÃO DE ÉTICA

Em todas as profissões é preciso ter um comportamento ético, é preciso respeitar os colegas. Aqui no Brasil as pessoas acham que desonestidade é só quando se tira dinheiro. Não, também é desonesto a pessoa se apropriar do trabalho dos outros. Usar o trabalho de um colega sem citar a fonte.

Eu senti isso pessoalmente quando fizeram o levantamento sobre a história do Observatório Nacional. Tive um trabalho enorme de pesquisa para identificar as pessoas que apareciam nas fotografias ao lado de Albert Einstein. Aliás, este trabalho de pesquisa iconográfica foi publicado pela primeira vez no *Jornal do Brasil*, em 21 de março de 1979. Desde o centenário da morte de Einstein eu vinha pesquisando sobre sua visita ao Rio de Janeiro em 1925. Publiquei vários artigos sobre a vinda de Einstein naquele periódico. Na identificação contei com a colaboração de Lélio Gama, à época um dos poucos retratados ainda vivos e muito lúcido. Reproduziram as fotos com a legenda que foi copiada do meu livro *Explicando a Teoria da Relatividade* (1987), sem citar a fonte. Sei disso porque eles reproduziram dois erros que havia no meu livro, e que posteriormente eu corrigi na segunda edição. O nome de uma das pessoas que aparecem ao lado do Einstein estava errado; eles não sabiam disso e reproduziram exatamente como estava na primeira edição do meu livro. O outro tratava-se de um lapso na identificação do Alfredo de Almeida, que saiu como Arthur de Almeida, na realidade filho do primeiro. E não custava nada dizer que a foto tinha sido retirada do livro tal, o que até valorizava o trabalho de identificação daquelas pessoas.

Eu tive que procurar todos os que tinham trabalhado no Observatório naquele tempo para identificar os funcionários que apareciam na fotografia com o Einstein. Mas depois que o livro saiu, alguém me ligou de Petrópolis e disse: "Olha, você se enganou e trocou fulano por beltrano."

Eu corrigi na segunda edição, mas como a pessoa que fez o levantamento histórico copiou os dados da primeira edição do meu livro, o erro foi reproduzido. Saiu até no *site* do Observatório. Isto não é honesto. É apropriação do trabalho de um colega.

Esse sistema em que você é chamado para dar um parecer sobre projetos para a Fundação de Amparo à Pesquisa do Rio de Janeiro (Faperj) também cria uma tentação muito grande para se agir sem ética. Porque você pode terminar dando uma opinião contra alguém que seja seu desafeto. Às vezes eu vejo que fiz um trabalho que as pessoas não citam, e isso não me chateia muito, pois acabo conhecendo a "personalidade" do pesquisador, lamentando que sejamos colegas.

Acho que deveria haver mais liberdade para a crítica entre os colegas e entre as posições de trabalho, o que é uma coisa muito difícil de se conseguir. As pessoas aqui não aceitam críticas. Sei disso porque fui muito perseguido quando critiquei a escolha do sítio do Laboratório Nacional de Astrofísica, localizado em Brasópolis, Minas Gerais. Eu fui realmente afastado do corpo técnico-científico do Observatório Nacional por esse motivo, em pleno regime militar. Mas não foram os militares que fizeram isso, foram os civis. Por isso mesmo eu digo que existe no Brasil um autoritarismo do colarinho branco que é pior do que o autoritarismo fardado.

Na verdade, devo reconhecer que meus aborrecimentos diminuíram depois que deixei de freqüentar as memoráveis reuniões da CTC (Comissão Técnico-Científica, órgão consultivo do Observatório Nacional), quando as discussões eram realmente "mesquinhas". Elas atingiam um nível tal que não se permitia que fossem gravadas, como solicitei na época, com o apoio de uma minoria. Lembro-me de que um colega paulista afirmou então:

"Ronaldo, se no Brasil não se cumpre o que se escreve, imagine o que se fala..."

Para as pessoas que estão começando a carreira de astrônomo, meu conselho é que respeitem o trabalho dos colegas. Citem sempre as fontes quando usarem informações tiradas do trabalho dos outros. E aceitem as críticas, os pontos de vista diversos. Isto é muito importante.

Se estiver em situação hierarquicamente inferior, observe o comportamento dos seus chefes, sem se opor — pois você poderá ser prejudicado e não conseguirá atingir o seu objetivo. No entanto, quando obtiver o seu doutorado, não adote o mesmo procedimento condenável do seu chefe. Tente corrigir os erros e vícios que registrou em seus superiores no decorrer de sua vida acadêmica. Não procure ser autoritário nem preconceituoso com os seus subordinados. Talvez agindo assim teremos um Brasil melhor no futuro.

AS PEDRAS NO CAMINHO

Ser astrônomo é fazer principalmente astronomia. No entanto, na vida profissional, quaisquer que sejam os setores aos quais nos dedicamos, somos obrigados a enfrentar problemas gerados pela convivência humana. Na minha vida profissional como astrônomo pude vivenciar fatos que envolveram vários colegas e abrangeram um período no qual se sucederam quatro gestões administrativas na mesma instituição, indicando que, longe de ser um fato episódico, presenciamos, na realidade, uma dura e prolongada crise.

Entendo que a origem dessa crise, instalada já há alguns anos na instituição onde trabalhei, o Observatório Nacional no Rio de

Janeiro, deve ser buscada no vazio provocado pela ausência de lideranças morais e intelectuais amplamente reconhecidas, assim como na falta de estatura pública e consciência democrática no trato de divergências internas. Se atentarmos bem, os fatos por mim vividos estão associados a questões de ordem administrativa interna dos institutos científicos voltados para a pesquisa pura ou aplicada, onde, às vezes, as dificuldades financeiras criam entre os pesquisadores situações de rivalidade de solução muito difícil.

ÓVNIS E CONSPIRAÇÕES

Em 1958, três funcionários do Observatório Nacional reuniram-se num sábado para conspirar contra o diretor, Lélio Gama. Algumas semanas depois, mais exatamente em 13 de agosto de 1958, foi publicado no *Diário do Congresso Nacional* um pedido de informação do deputado Sérgio Magalhães, dirigido ao ministro da Educação, Clóvis Salgado, sobre irregularidades que estariam ocorrendo no Observatório Nacional. Os jornais haviam publicado uma série de notícias, algumas delas caluniosas. Finalmente, no dia 11 de outubro o *Diário do Congresso* publicou a resposta de Lélio Gama. Ao solicitar a transcrição do texto, assim se pronunciou Sérgio Magalhães:

"Já tínhamos conhecimento de que o atual diretor é um grande cientista, um homem probo, mas se fazia mister o esclarecimento das dúvidas levantadas a respeito do bom funcionamento daquela repartição. Pela leitura das informações, poderá o povo julgar da eficiência administrativa que se verifica naquela dependência do Ministério da Educação." É bom ressaltar que, em sua resposta, Lélio Gama faz referência aos meus trabalhos sobre superfícies planetárias, executados com as lunetas equatoriais do Observatório.

Os funcionários foram identificados como os autores intelectuais do requerimento de informação de Sérgio Magalhães, e o diretor do Observatório solicitou a transferência do grupo para a Faculdade de Filosofia, onde o diretor, Eremildo Viana — que fora meu professor de história no Colégio Andrews —, já vinha dando apoio à criação, por esses três astrônomos, do curso de astronomia. Assim nasceu o curso do Observatório do Valongo.

Os nomes desses três professores, todos astrônomos, não interessam. Em dado momento eles notaram algo que se movimentava ao longe: um objeto circular, de altura menor que o diâmetro, e — coisa esquisita — com umas luzes dispostas de modo a formarem uma cruz de Malta. Num salto agarraram o telefone, ligaram para o jornal *O Globo* e pediram a presença imediata de um fotógrafo, para registrar o "disco voador" que os seus instrumentos então focalizavam. Pelo critério dos referidos professores e astrônomos, observatório que se preza precisa da colaboração de um bom jornal vespertino.

No dia seguinte, os jornais estamparam na primeira página a confirmação de que os discos voadores existiam. As rádios estavam repletas de notícias sensacionalistas acerca dessa nova visita de um disco voador, agora com a chancela de três nomes respeitáveis, sendo um deles catedrático da Faculdade Nacional de Filosofia. As estações de rádio foram buscá-los para momentosas entrevistas, e numa delas o mais loquaz dos "observadores" chegou a afirmar, com a maior ingenuidade, "que era homem que acreditava em tudo, e que há mais de dois anos vinha dormindo no terraço de sua casa, numa cama de armar, sempre de barriga para cima, com os olhos fitos no céu, a fim de assegurar boa probabilidade de ainda vir a ver um disco voador".

O diretor da revista *Ciência popular*, que vinha combatendo a ufologia e a astrologia nas páginas de sua revista, aproveitou a ocasião para dar entrevistas aos jornais informando que o disco na forma de uma cruz de Malta era um balão que fora lançado para comemorar o empate do Vasco da Gama com o Flamengo naquela noite, numa partida que parecia perdida. Esse lamentável engano seria utilizado mais tarde por Lélio Gama para se defender das diversas investidas que a sua administração iria sofrer durante o governo de Jânio Quadros, de João Goulart e, finalmente, durante o regime militar.

VASSOURADAS DO JÂNIO

Aproveitando o clima de caça às bruxas do governo Jânio Quadros, os inimigos de Lélio Gama voltaram a agir e conseguiram que a vassoura de Jânio fosse usada. Numa bela manhã de 4 de março de 1961, nosso diretor foi demitido pelo Jânio por meio de um bilhetinho. O novo diretor nomeado é o astrônomo Alércio Moreira Gomes, professor da Escola Naval, que havia sido transferido do Observatório Nacional para a Faculdade de Filosofia em conseqüência da crise do requerimento de informação do deputado Sérgio Magalhães.

Na ocasião de sua nomeação, Alércio encontrava-se nos EUA, trabalhando no Observatório de Monte Palomar, sob a orientação do astrônomo alemão Fritz Zwicky, num programa de descoberta de supernovas — estrelas que, ao explodirem, sofrem um rápido aumento de luminosidade que pode alcançar um bilhão de vezes a do Sol. Em 22 de novembro de 1960, Alércio descobrira três estrelas supernovas num mesmo aglomerado de galáxias, fato até então considerado inédito na história da astronomia.

Méritos não faltavam ao Alércio, quer como pesquisador, quer como professor. Eu assistira a suas primeiras aulas no recém-criado curso de astronomia da Faculdade de Filosofia. No entanto, houve o processo desgastante das campanhas maldosas dos seus amigos, principalmente de um deles, que chegou ao cúmulo de fazer acusações inverídicas, no *Jornal do Brasil* de 2 de outubro de 1958, contra outro colega, afirmando que ele andava nu com rapazes à noite nas dependências da repartição, onde também trabalhava, acrescentando levianamente que o mesmo — um engenheiro formado e portanto seu colega da Escola de Engenharia — só tinha o curso primário. Esta denúncia, ato de covardia inaceitável, provocou uma reação contrária ao grupo do qual Alércio fazia parte. Sua designação para dirigir o Observatório seria a consagração dos caluniadores.

Numa reação inicial de desânimo, pensei em me transferir para São Paulo ou São José dos Campos. Com esse estado de espírito telefonei para Arthur Moses, presidente da Academia Brasileira de Ciências, que pediu que eu fosse ao seu consultório, na Rua do Rosário. Lá chegando, resolveu que deveríamos redigir um memorial e iniciar a coleta das assinaturas. Assim, sob a orientação de Moses, comecei a coleta de assinaturas solicitando que o Lélio fosse reconduzido ao cargo. Eu e o Mário Rodrigues Carvalho Sobrinho saíamos todos os dias muito cedo de táxi para colher assinaturas da comunidade científica contra o ato do Jânio. Com isso fiquei conhecendo muita gente na comunidade científica. Até então o meu principal relacionamento era o Moses, que alguns meses antes, ao tomar conhecimento dos meus trabalhos publicados no exterior, encaminhou o meu pedido de bolsa de pesquisador ao CNPq.

Após enviar um telegrama ao Jânio com as primeiras assinaturas do memorial, resolvemos que deveríamos dirigir-nos ao ministro da Educação e Cultura. Por intermédio do Moses, um grupo de pesquisadores do Observatório solicitou audiência ao ministro. Como ele não se encontrava no Rio de Janeiro, fomos recebidos pelo Alberto Torres, chefe de gabinete, que nos disse: "O Jânio não vai voltar atrás. Vocês são um grupo de cientistas, sabem que ele cometeu um erro, mas o povo que o elegeu — cerca de sete milhões — não vai entender isso." E eu respondi: "O senhor está dizendo que a ciência não vale nada?" Só me lembro de que na hora levei uma cotovelada de um colega.

Tanto insistimos — e tivemos apoio até mesmo no Congresso, do Eloy Dutra e de sua esposa, Yara Vargas — que finalmente, com a ajuda do poeta Manuel Bandeira, que fez um bilhetinho em forma de crônica no *Jornal do Brasil* solicitando a recondução de Lélio, Jânio voltou atrás. Com medo de que o memorial viesse a desaparecer, enviei várias cópias, guardando comigo o original.

Esses tristes acontecimentos mostram que ser astrônomo não é, como muitos podem pensar, um mar de estrelas; na realidade temos que conviver com problemas humanos, como inveja, discórdia e disputa de poder.

OBSERVATÓRIO ASTROFÍSICO DE BRASÓPOLIS

Meu primeiro contato com o sítio escolhido para a instalação do Observatório Astrofísico Brasileiro (hoje Laboratório Nacional de Astrofísica) ocorreu no gabinete do brigadeiro Sylvio Silva, militar da reserva que, por gostar de astronomia, trabalhava como colaborador sem remuneração. Quando ele me mostrou uma fotografia da região, afirmei: "Não serve para instalar um observatório. Basta analisar o tipo de vegetação."

Na verdade, achei um absurdo total aquele local escolhido, na Serra dos Dias, próximo à cidade de Brasópolis, no sul de Minas, onde a média é de apenas cem noites boas por ano para a observação. Essa quantidade de noites é insuficiente, e o resto se perde com o céu nublado.

Não imaginava a reação que provocaria com estas palavras, particularmente após entrevista que dei ao *Jornal do Brasil* em dezembro de 1978. Minha crítica à instalação na Serra dos Dias provocou meu afastamento da CTC — Comissão Técnico-Científica, do Observatório Nacional.

No início de 1982, em virtude de minha participação no programa "Debate" na Rádio Jornal do Brasil, fui demitido do cargo de diretor da Coordenadoria de Astronomia, acusado de debater publicamente os problemas acadêmicos, como a escolha do sítio do Laboratório Nacional de Astrofísica. Na ocasião, o diretor do Observatório Nacional, José Antônio Freitas Pacheco, pesquisador competente que, aliás, participava das mesmas idéias com relação à escolha da Serra dos Dias, acusou-me de ter investido, durante o programa de rádio, contra o CNPq (então Conselho Nacional de Desenvolvimento Científico e Tecnológico), ao qual o observatório era vinculado.

Informada, a Secretaria do Planejamento, à qual estava subordinado o CNPq, solicitou uma gravação da entrevista, determinando uma investigação da acusação. Logo descobriram que eu não havia atacado; ao contrário, tinha elogiado a ação do CNPq. Nem mesmo tinha sido feita qualquer acusação ao diretor, a quem admirava por sua atividade como pesquisador. Na verdade, o diretor fora levado ao equívoco de me acusar por outros colegas, que desejavam indispor-me com a sua administração.

Como eu já havia sido punido, e não desejando me reconduzir, José Antônio Freitas Pacheco pediu demissão da direção, deixando o Observatório. Com sua saída, assumiu a direção o astrônomo Lício da Silva. Eu não voltei ao cargo.

Nesse ínterim fui chamado a Brasília, convidado para ser assessor especial da presidência do CNPq, e em 24 de fevereiro de 1982 fui nomeado por Lício da Silva coordenador do grupo de trabalho para a preservação da memória e difusão do Observatório Nacional. Depois de exercer a direção do Museu de Astronomia e Ciências Afins (de 1982 a 1989) continuei como pesquisador titular do CNPq, lotado no Departamento de História da Ciência do Museu de Astronomia, cargo que ocupo até hoje.

Atualmente questiono a necessidade de se manter pesquisadores no campus de São Cristóvão, no Rio de Janeiro, quando o equipamento de observação se acha localizado a 350 km de distância, em Brasópolis, Minas Gerais. Esta é uma questão que deve ser examinada sob o prisma da conveniência administrativa e financeira, entre outros. Em Brasópolis há cinco pesquisadores e cerca de 70 funcionários na área de apoio e administração. No Rio de Janeiro, uma estrutura de apoio igual serve a cerca de 50 pesquisadores. A maioria destes, para suas observações, é obrigada a se deslocar para Brasópolis, com custos de transporte e diárias.

O curso de mestrado e doutorado ficaria mais bem situado na universidade, cuja infra-estrutura está naturalmente voltada para o desenvolvimento do ensino, ao contrário dos institutos de pesquisa. Por que competir com a universidade em sua função precípua, enfraquecendo-a? Por que, por exemplo, não fortalecer o mestrado e o doutrado em astronomia do Valongo (UFRJ), em vez de duplicar esforços e gastos?

Desde aquela época os instrumentos do Observatório no Rio poderiam ter sido tombados e conservados como patrimônio histórico e cultural, sem as dificuldades que tive de enfrentar para fazê-lo, ao criar o Museu de Astronomia.

OS PIORES E OS MELHORES MOMENTOS

Os piores momentos da minha vida profissional foram dois. O primeiro ocorreu quando fui cassado do Corpo Técnico-Científico do Observatório Nacional e ainda tinha um período, um mandato pela frente. Fui cassado por causa da entrevista que dei ao *Jornal do Brasil* criticando o local escolhido para a instalação do Observatório de Brasópolis, porque naquela região chove muito. Eu achava que devíamos ir para o Chile, e não instalar um telescópio naquela região de Minas Gerais. Isso foi aí por volta de 1978. E agora, 26 anos depois, resolveram finalmente ir para o Chile, estão instalando lá um observatório em cooperação com os americanos. Por isso eu costumo dizer que penso sempre muitos anos à frente.

Outro momento muito desgastante para mim foi quando comecei a lutar pela criação do Museu de Astronomia. Era uma época em que todos os equipamentos antigos do Observatório estavam abandonados num depósito, sucateados e se deteriorando. Então eu dei uma entrevista ao *Jornal do Brasil* e ao *Globo* falando do nosso desejo de criar um museu e contando que aqueles instrumentos raros estavam abandonados. *O Globo* deu mais destaque à matéria. Em conseqüência, surgiu um movimento, liderado pela direção, de oposição à criação do museu e ao tombamento do acervo histórico. Um abaixo-assinado foi preparado e apresentado aos funcionários do Observatório solicitando que eu fosse afastado. Felizmente, quando isso aconteceu, em

1981, eu tinha um amigo que trabalhava com o Delfim Netto, o Riveras, que me conhecia da Universidade de Brasília.

Contei a ele que os funcionários estavam fazendo uma reunião, liderados pelo diretor do Observatório, na época o Muniz Barreto, que tinha sido até então um dos meus melhores amigos, para pedir meu afastamento do Observatório. E eles impediram que qualquer jornalista entrasse nessa reunião.

O Riveras perguntou que jornal tinha publicado minha entrevista, e eu disse que tinha saído no *Globo*; ele guardou o jornal na pasta e me contou: "Eu vou sair agora com o Delfim Netto, ele me convidou para ir a São Paulo, e eu vou explicar isso para ele no avião." E, de fato, depois ele me telefonou e contou que o Delfim tinha perguntado: "Mas o Ronaldo não é o diretor do Observatório?" E o Riveras explicou que não, que eu era um funcionário. E o Delfim falou: "Mas eu leio a coluna dele, eu leio aquelas crônicas que ele faz para o *Jornal do Brasil* e gosto muito. Mas o problema é simples, não é mexer com o rapaz não, o problema é pedir dinheiro para a gente resolver essa situação. Pede uma verba que nós resolvemos todos esses problemas de conservação do acervo, não precisa demitir o rapaz."

Parece que o Delfim falou com o Lynaldo Cavalcanti, presidente do CNPq, que me chamou a Brasília, e eu disse: "Acho que aquele acervo deveria ser transformado num museu." Ele concordou, mas achava que o museu deveria ser instalado em Brasília. Expliquei a ele a impossibilidade de transportar as cúpulas do Observatório para Brasília. Ele percebeu o problema e disse: "Ah, é, isso tem que ser feito num ambiente adequado. Então você começa a pensar nisso que vamos fazer."

Foi quando surgiu a idéia da efetivação do Museu de Astronomia. Porque a idéia de um museu já existia dentro do Observatório Nacional desde a época em que comecei a trabalhar lá. Havia uma área próxima que eles chamavam de museu porque guardava os instrumentos antigos. Era um acervo enorme que estava se deteriorando com o tempo. E as cúpulas que abrigam as lunetas estavam num estado calamitoso. Então resolvi agir dessa maneira, divulgando o problema na imprensa para salvar todo esse acervo. Fiquei muito chateado nessa época, e acho que os piores momentos da minha vida profissional foram esses.

Já os melhores momentos foram muitos. As viagens que fiz, aquele convite do Arend, quando eu estava sob o efeito do champanhe. Eu nunca imaginaria que alguém me pediria para ficar trabalhando lá na Europa. Ele percebeu e disse: "Você não está acreditando, você tem que ficar com a gente, vamos lá no Observatório Real hoje à tarde, já falei com o diretor." E ele me levou para ver o Paul Bourgeois, o diretor do Observatório Real da Bélgica, que me disse: "Estou muito contente que você venha trabalhar conosco, o Arend contou-me que vocês já se correspondem há muito tempo."

Outro momento agradável foi quando vi aprovada a minha bolsa de estudos. E, é claro, houve as descobertas de todos aqueles asteróides quando eu estava no Chile. Descobrir um asteróide é uma coisa muito interessante. Ficaram uns dois ou três com o meu nome, porque o Debehogne colocava o nome dele na frente de todos, já que ele era o chefe da equipe e tinha esse privilégio. Mas ele acabou batizando um dos asteróides com o nome de Mourão, em minha homenagem. São asteróides de uns 500 quilômetros de largura, todos de luminosidade muito fraca, magnitude 15 e 16, e por isso as determinações de tamanho não são muito precisas. São asteróides do cinturão principal, que fica entre as órbitas de Marte e Júpiter e nunca se aproximam da Terra, ao contrário dos asteróides rasantes, que cruzam a órbita terrestre e atualmente estão sendo objeto de um estudo. O que recebeu o meu nome é o de número 2.590, o que dá uma idéia da quantidade desses pequenos mundos espalhados pelo sistema solar.

Outro momento bom é quando vejo um livro meu publicado, isso também é muito gratificante. No entanto, o que eu acho mais importante é o reconhecimento do público. Encontrar uma pessoa e ela dizer: "Eu conheço o céu graças ao seu *Atlas celeste*"; ou "Foi a leitura do seu livro *Explicando a Teoria da Relatividade* que me fez compreendê-la". É aí que você sente a importância do seu trabalho. Sente que não foi tudo inútil.

Outro momento importante para mim foi quando um músico, o Almeida Prado, compôs toda uma sinfonia, "cartas celestes", inspirada no meu atlas do céu. E quando ele defendeu uma tese sobre música, convidou-me para fazer parte da banca examinadora, porque eu havia motivado o seu trabalho. Aliás, mais conhecido no exterior do que aqui no Brasil.

Outro momento muito gratificante para mim foi quando eu vi uma crônica e, mais tarde, uma poesia do Carlos Drummond de Andrade dedicada a mim. São coisas que me recompensam muito. Porque eu vejo que estou sendo reconhecido não por alguém da comunidade astronômica, mas por pessoas de fora. Isso tem muito mais valor do que ser reconhecido por colegas. Porque entre eles há muita rivalidade. O Tom Jobim já dizia que o sucesso no Brasil é uma maldição. Se você faz sucesso, as pessoas vêem no seu sucesso uma ameaça. Eu fiz o Museu de Astronomia não para mim, foi para o público. Os livros que escrevi não foram para mim, mas para os outros. Porque o nosso dever é transmitir os conhecimentos, nós que somos privilegiados. A pessoa que tem oportunidade de trabalhar fazendo pesquisa científica e estudar a vida toda é um privilegiado. Então precisamos dar um pouco do que temos para o grande público. Por isso a divulgação científica é importante. Quando você recebe o diploma de bacharel e de licenciado você faz um juramento, e existe um termo dedicado a essa parte da divulgação científica.

Felizmente a astronomia não está sujeita aos problemas éticos que atingem outras ciências, como as ciências biológicas. Às vezes ouvimos falar de biólogos ou antropólogos acusados de falsificar resultados ou de se apropriar do trabalho de colegas. Na astronomia isso é muito difícil de acontecer porque as descobertas de um astrônomo precisam sempre ser verificadas e confirmadas por seus colegas. Se alguém descobre um planeta, a descoberta só é confirmada pela União Astronômica Internacional depois que outros observatórios, em outros países, confirmarem a descoberta. Se alguém avista um novo cometa ou um novo asteróide, a descoberta precisa ser comunicada à União. No caso do cometa, ele receberá o nome do primeiro astrônomo que o avistou. Mas a descoberta sempre terá que ser confirmada por outros observadores. Não dá para falsificar descobertas na astronomia.

No fim da sua vida, meu pai conversou comigo sobre o meu sucesso como astrônomo. Minha mãe já falecera e ele me disse: "Sua mãe teria ficado contente, se bem que nós queríamos que você estudasse medicina. Mas foi melhor assim. Você é como eu, Ronaldo, você é muito bom, muito sentimental. Você ia sofrer muito se fosse médico. Na astronomia você nunca vai ter uma derrota tão forte quanto na medicina. Quando os clientes se tornam amigos e depois morrem, a gente perde um amigo. E um dia a gente vai perder mesmo. Porque na medicina não existe vitória. Ela é sempre temporária."

Nesse momento eu entendi por que, quando morria um cliente do papai, lá em casa era um verdadeiro velório, ele ficava muito chateado. Acho que meu pai tinha razão. Eu fui mesmo mais feliz escolhendo a profissão de astrônomo.

FICHA TÉCNICA

RONALDO ROGÉRIO DE FREITAS MOURÃO nasce em 25 de maio de 1935, no Rio de Janeiro. Como estudante do Colégio Andrews, escreve e publica em 1952 seus primeiros artigos de divulgação científica na revista *Ciência popular*. Em 1956 ingressa na Universidade do Estado da Guanabara (atual UERJ), obtendo, quatro anos depois, os títulos de bacharel e licenciado em física pela Faculdade de Filosofia, Ciência e Letras.

Em setembro de 1956 é nomeado auxiliar de astrônomo do Observatório Nacional, quando ainda cursava a universidade. No mesmo ano o Observatório edita suas observações sobre Marte, efetuadas antes de sua admissão. Algumas delas são reproduzidas em revistas estrangeiras, incluindo *L'Astronomie*, da Société Astronomique de France. Mourão publica em 1960 seu primeiro trabalho sobre estrelas duplas visuais, que lhe vale o convite, no ano seguinte, da União Astronômica Internacional e da Academia de Ciências dos EUA para participar do Simpósio sobre Estrelas Duplas Visuais, em Berkeley. Ainda em 1960, publica seu primeiro livro, *Astronomia popular*, como edição especial da revista *Ciência popular*.

Em 1962, faz estágio no Observatório Real da Bélgica, sob a orientação de Sylvan Arend, quando publica seu primeiro artigo sobre a órbita elíptica das estrelas duplas. Em setembro de 1963, como bolsista do Ministère des Affaires Étrangères da Bélgica, inicia estágio de um ano no Departamento de Astrometria e Mecânica Celeste do observatório daquele país. A estada resulta em mais de uma dezena de trabalhos de pesquisa — teórica e aplicada — sobre estrelas duplas visuais.

Já em 1965, na França, na condição de bolsista do Ministère des Affaires Étrangères, estagia em diferentes observatórios: Paris, Lyon, Toulouse, Pic-du-Midi e Haute-Provence.

Em 1967, obtém o título de doutor pela Universidade de Paris, com menção "très honorables". Em dezembro volta ao Brasil, reassumindo suas atividades como astrônomo no Observatório Nacional e de pesquisador no Conselho Nacional de Pesquisa (CNPq). No ano seguinte, é nomeado astrônomo-chefe da Divisão de Equatoriais. Em 1970 passa a escrever para o *Jornal do Brasil*. Além de artigos sobre pesquisa astronômica, inicia uma série mensal, "O céu do mês", reproduzida em diversos jornais: *Correio do Povo*, Porto Alegre; *Tribuna da Bahia*, Salvador etc. No mesmo ano publica o livro *Atlas celeste*, com detalhada descrição do céu visível nas latitudes brasileiras. Mourão lança também um planisfério móvel, *Cartas celestes*. Em 1972, começa a colaborar em *O Globo*, no qual mantém uma coluna sobre o aspecto mensal do céu brasileiro até 1976.

O astrônomo elabora também todos os verbetes sobre astronomia e astronáutica do *Novo dicionário Aurélio da língua portuguesa* (1975 e 1986) de Aurélio Buarque de Holanda, e da *Enciclopédia Encarta* (edição portuguesa) da Microsoft. Coordena as áreas de matemática e astronomia da *Enciclopédia Mirador Internacional*, publicada em 1975 pela *Encyclopaedia Britannica do Brasil*. Na obra, além dos inúmeros verbetes monográficos sobre astronomia, redige e desenha uma uranografia com mais de 26 pranchas. Em 1977 produz a série de rádio "Céu do Brasil" para o Projeto Minerva, que procura associar fenômenos e conceitos astronômicos a poesia, folclore e música popular brasileira. Em 1978, inicia a publicação no *Jornal do Brasil* de uma coluna semanal, "Astronomia e astronáutica", divulgando as mais recentes e importantes descobertas sobre astrofísica, cosmologia, relatividade, física e astronáutica.

As principais contribuições astronômicas de Mourão são efetuadas no campo das estrelas duplas, asteróides, cometas e estudos das técnicas de astrometria fotográfica. Participa e apresenta trabalhos em diversas reuniões científicas nacionais e internacionais. Descobre, em 1971, uma estrela companheira invisível da estrela dupla visual Aitken 14. A descoberta é confirmada pelo astrônomo francês P. Baize e pelo astrônomo austríaco J. Hoppmann, que determina sua órbita provisória. Em missões no Observatório Europeu Austral, em La Silla, no Chile, descobre, em colaboração com o astrônomo belga Henri Debehogne, diversos asteróides.

O astrônomo tem mais de uma centena de artigos de pesquisas publicados em diversas revistas internacionais especializadas em astronomia, e mais de 1.500 ensaios publicados em livros, revistas e jornais. Além disso, já publicou mais de 70 livros.

Primeiro contemplado com o Prêmio José Reis da divulgação científica, instituído em 1978 pelo CNPq. A comissão que confere o prêmio por unanimidade tem como presidente o prof. dr. Aristides Pacheco Leão, presidente da Academia Brasileira de Ciência.

Ronaldo Mourão é o primeiro brasileiro a ter um asteróide com seu nome. De fato, o asteróide 2.590, descoberto em 22 de maio de 1980, foi batizado com o nome *Mourão*. Segundo o registro feito em 2 de julho de 1985, no *Minor planet circular*, o nome desse asteróide "é uma homenagem ao astrônomo R.R. de Freitas Mourão, conhecido por suas contribuições às estrelas duplas, aos pequenos planetas e aos cometas. Tem participado extensivamente do programa de descoberta e observação de pequenos planetas no Observatório Europeu Austral (ESO) e é autor de diversos livros de divulgação da astronomia. Liderou o processo de fundação, no Brasil, do Museu de Astronomia".

Em 1988, passa a assinar a coluna "Telescópio", na revista *Superinteressante*. No mesmo ano vê seu *Dicionário enciclopédico de astronomia e astronáutica*, com cerca de 20 mil verbetes, único em seu gênero no mundo, editado pela Nova Fronteira.

Uma nova edição revista e ampliada, com mais de 30 mil verbetes e cerca de 1.000 páginas, é publicada em 1996.

Em maio de 1992 torna-se cronista de astronomia no programa "Curto-circuito", da TVE, de Victor Paranhos e João Luiz Albuquerque, durante a administração de Walter Clark.

Suas atividades como astrônomo, escritor e ensaísta têm estimulado músicos, poetas e escritores. Entre os músicos vale citar os exemplos de Almeida Prado, nas suas "Cartas celestes" e o de Maria Emília Mendonça, em suas "Viagens interplanetárias" e "Os Anéis de Urano". Na poesia devemos citar o poema "O Céu" de Carlos Drummond de Andrade e "Anti-Universo" de Fernando Py.

O astrônomo pertence a inúmeras associações astronômicas internacionais, dentre elas a Royal Astronomical Society (Inglaterra), Société Astronomique de France, Società Astronomica Italiana etc. Além disso, é membro de três comissões da União Astronômica Internacional: Estrelas Duplas e Múltiplas, Asteróides e Cometas e História da Astronomia.

É membro fundador e primeiro presidente do Clube de Astronomia do Rio de Janeiro (Carj), criado em 1976. Em agosto de 1996, é indicado por unanimidade pelos diretores deste órgão para ocupar o cargo de presidente de honra.

Idealiza e funda, em março de 1984, o Museu de Astronomia e Ciências Afins, do qual foi primeiro diretor até abril de 1989.

A edição especial do *Almanaque Abril* de 1991, intitulada *Brasil dia a dia*, o inclui entre as 130 personalidades que fizeram a história do país nos últimos 60 anos.

Em maio de 1994 é eleito membro honorário do Instituto Histórico e Geográfico Brasileiro.

Em janeiro de 1995, é eleito membro titular do PEN Club, pelo conjunto de seus ensaios científicos literários. Três meses depois, é eleito, por aclamação, membro correspondente do Instituto do

Ceará, em razão da sua contribuição ao estudo histórico sobre o eclipse total do Sol, ocorrido em Sobral em 1919. Já em novembro, é eleito sócio efetivo do Instituto Histórico e Geográfico do Rio de Janeiro.

Em 1997, no mês de janeiro, é agraciado pelo Instituto Histórico e Geográfico de São Paulo com o colar do centenário e o respectivo diploma, como destaque cultural do ano de 1996. Já em março, é eleito membro correspondente da Sociedade Geográfica de Lisboa. Em novembro, o astrônomo é duplamente homenageado. O Instituto de Geografia e História Militar do Brasil o elege sócio honorário. Já a Assembléia Legislativa do Rio de Janeiro o agracia com a medalha Tiradentes, por sugestão do deputado estadual Luiz Carlos Machado.

Em julho de 1998, Mourão é nomeado membro da Comissão Cruls, criada pelo Decreto nº 19.348 do governo do Distrito Federal, quando é agraciado com a medalha Luis Cruls.

Em março de 1999, toma posse na Academia Luso-Brasileira de Letras, na cadeira nº 38, que tem como patrono Gregório de Matos. Três meses mais tarde Mourão é eleito membro da Academia Brasileira de Filosofia, na cadeira nº 41, cujo patrono é Roberto Marinho de Azevedo.

Em fevereiro de 2000 participa do III Encontro Luso-brasileiro da História da Matemática, em Coimbra. Já em maio, no Congresso Internacional Encontros e Desencontros de Culturas, realizado em Sobral, ministra o minicurso "500 anos de Ciência no Brasil". No mês seguinte, é agraciado com o Prêmio Cultural Medalha Austregésilo de Athayde, do Lions Club.

Já em abril de 2001, Ronaldo Mourão ganha o **Prêmio Jabuti 2001 na categoria Ensaio**, com o livro *Astronomia na época dos descobrimentos*, da Lacerda Editores. Em junho, é homenageado pelo governador Francisco de Assis de Moraes Souza com o título de Grande Oficial da Ordem Estadual do Mérito Renascença do Piauí, a mais alta condecoração daquele estado. No mês seguinte, é eleito membro titular do Instituto Histórico e Geográfico Brasileiro. Em outubro, toma posse na Academia Brasileira de Literatura, na cadeira nº 16, que tem como patrono Fagundes Varela. No mesmo mês, é empossado na Academia Carioca de Letras, na cadeira nº 14, cujo patrono é Pedro II.

Por fim, em março de 2003, Mourão é homenageado pela Câmara Municipal de Curitiba com o título **Voto de Louvor**, pelos relevantes serviços prestados à comunidade na área da astronomia, por sugestão do vereador Jorge Bernardi.

Homepage: www.ronaldomourao.com

OBRAS PUBLICADAS

A astronomia em Camões
Rio de Janeiro: Lacerda Editores, 1998.

ABC da astronomia
Rio de Janeiro: Salamandra, 1988.

Alô, galáxia (linha ocupada)
Rio de Janeiro: Imago, 1978.

Anuário de astronomia 1981
Rio de Janeiro: Cap Editora, 1980.

Anuário de astronomia 1982
Rio de Janeiro: Cap Editora, 1981.

Anuário de astronomia 1983
Rio de Janeiro: Francisco Alves, 1982.

Anuário de astronomia 1984
Rio de Janeiro: Francisco Alves, 1983.

Anuário de astronomia 1985
Rio de Janeiro: Francisco Alves, 1984.

Anuário de astronomia 1986
Rio de Janeiro: Francisco Alves, 1985.

Anuário de astronomia 1987
Rio de Janeiro: Francisco Alves, 1987.

Anuário de astronomia 1988
Rio de Janeiro: Francisco Alves, 1988.

Anuário de astronomia 1989
Rio de Janeiro: Francisco Alves, 1988.

Anuário de astronomia 1990
Rio de Janeiro: Francisco Alves, 1990.

Anuário de astronomia 1991
Rio de Janeiro: Francisco Alves, 1990.

Anuário de astronomia 1992
Rio de Janeiro: Francisco Alves, 1991.

Anuário de astronomia 1993
Rio de Janeiro: Francisco Alves, 1992.

Anuário de astronomia 1996
Rio de Janeiro: Bertrand Brasil, 1995.

Anuário de astronomia 1997
Rio de Janeiro: Bertrand Brasil, 1996.

Anuário de astronomia 1998
Rio de Janeiro: Bertrand Brasil, 1997.

Anuário de astronomia 1999
Rio de Janeiro: Bertrand Brasil, 1998.

Anuário de astronomia 2000
Rio de Janeiro: Bertrand Brasil, 1999.

Anuário de astronomia 2001
Rio de Janeiro: Bertrand Brasil, 2000.

Anuário de astronomia 2002
Rio de Janeiro: Bertrand Brasil, 2001.

Anuário de astronomia 2003
Rio de Janeiro: Bertrand Brasil, 2002.

Anuário de astronomia 2004
Rio de Janeiro: Bertrand Brasil, 2003.

Astronáutica: do sonho à realidade – História da conquista espacial
Rio de Janeiro: Bertrand Brasil, 1999.

Astronomia do Macunaíma
2ª ed., Belo Horizonte: Itatiaia, 2000.

Astronomia e astronáutica
3ª ed., Rio de Janeiro: Francisco Alves, 1982.

Astronomia no tempo dos descobrimentos
Rio de Janeiro: Lacerda Editores, 2000.

Astronomia popular
Rio de Janeiro: Edição da revista *Ciência popular*, 1960.

Astronomia popular
Rio de Janeiro: Francisco Alves, 1987.

Atlas celeste
9ª ed., Petrópolis: Vozes, 2000.

Buracos negros: universos em colapso
6ª ed., Petrópolis: Vozes, 1995.

Carta celeste (planisfério celeste móvel)
2ª ed., Rio de Janeiro: Gráfica Themis, 1975.

Carta celeste do Brasil
7ª ed., Rio de Janeiro: Bertrand Brasil, 1996.

Céu da Bahia (planisfério celeste móvel)
Feira de Santana: Fundação Universidade de Feira de Santana, 1975.

Como fotografar e observar o cometa Halley
Petrópolis: Vozes, 1985.

Da Terra às galáxias
8ª ed., Petrópolis: Vozes, 1999.

Dicionário dos descobrimentos
Lisboa: Pergaminho, 2001.

Dicionário enciclopédico de astronomia e astronáutica
2ª ed., Rio de Janeiro: Nova Fronteira, 1996.

Do universo ao multiverso: uma nova visão do cosmos
Petrópolis: Vozes, 2001.

Ecologia cósmica
2ª ed., Belo Horizonte: Itatiaia, 2000.

Einstein: de Sobral para o mundo
Sobral: UVA, 2002.

Em busca de outros mundos
2ª ed., São Paulo: Círculo do Livro, 1986.

Explicando a astronáutica
Rio de Janeiro: Ediouro, 1984.

Explicando a astronomia e o poder religioso
Rio de Janeiro: Ediouro, 1988.

Explicando a meteorologia
Rio de Janeiro: Ediouro, 1988.

Explicando a origem do sistema solar
Rio de Janeiro: Ediouro, 1988.

Explicando a Teoria da Relatividade e a vinda de Einstein ao Brasil
Rio de Janeiro: Ediouro, 1997.

Explicando a Teoria da Relatividade
Rio de Janeiro: Ediouro, 1988.

Explicando o cosmos
2ª ed., Rio de Janeiro: Ediouro, 1985.

Explicando os extraterrestres
Rio de Janeiro: Ediouro, 1988.

Explicando os mistérios do universo
Rio de Janeiro: Ediouro, 1988.

Introdução aos cometas
2ª ed., Belo Horizonte: Itatiaia, 2000.

Kepler – A descoberta das leis do movimento planetário
São Paulo: Odysseus Editora, 2002.

Luiz Cruls – Notas biográficas
Brasília: Animatógrafo, 2003.

Manual do astrônomo – Uma introdução à astronomia observacional e à construção de telescópios
5ª ed., Rio de Janeiro: Jorge Zahar, 2001.

Marte – Da imaginação à realidade
2ª ed., Belo Horizonte: Itatiaia, 2000.

Nascimento, vida e morte das estrelas – A evolução estelar
Petrópolis: Vozes, 1995.

Nicolau Copérnico – Vida e obra
São Paulo: Odysseus Editora, no prelo.

No rastro do cometa Halley – O cometa Halley na imprensa carioca
Rio de Janeiro: Editora JB, 1985.

O céu dos navegantes
Lisboa: Pergaminho, 2000.

O cometa Halley vem aí
4ª ed., Rio de Janeiro: Salamandra, 1986.

O livro de ouro do Universo
6ª ed., Rio de Janeiro: Ediouro, 2002.

Os eclipses – Da superstição à previsão matemática
São Leopoldo: Unisinos, 1993.

Que dia é hoje?
São Leopoldo: Unisinos, 2003.

Quem é vivo sempre aparece: pequeno ensaio sobre a procura dos ETs
Rio de Janeiro: DPA Editora, 1998.

Sol e energia do terceiro milênio
São Paulo: Scipione, 2000.

Universo inflacionário (Introdução à cosmologia)
Rio de Janeiro: Francisco Alves, 1983.

Universo: as inteligências extraterrestres
2ª ed., Rio de Janeiro: Francisco Alves, 1981.

Uranografia – Descrição do céu
Rio de Janeiro: Francisco Alves, 1989.

Vai chover no fim de semana?
São Leopoldo: Unisinos, 2003.

INSTITUIÇÕES DE ENSINO

Graduação

FACULDADES INTEGRADAS 'ESPÍRITA' – UNIBEM
Curso de física com ênfase em astronomia
Rua Tobias de Macedo Júnior, 333
Santo Inácio
Curitiba – PR
CEP 82010-340
Tel.: (41) 335-1717 Fax: (41) 335-3423
e-mail: fisica@unibem.br
site: www.unibem.br

UNIVERSIDADE DE SÃO PAULO – USP
Curso de física com habilitação em astronomia
Rua do Matão, 1226
Cidade Universitária
São Paulo – SP
CEP 05508-900
Tel.: (11) 3091-4762 Fax: (11) 3091-2801
e-mail: mpalbe@iag.usp.br
site: www.iag.usp.br/

UNIVERSIDADE FEDERAL DO RIO DE JANEIRO – UFRJ
Graduação em astronomia
Ladeira do Pedro Antônio, 43
Saúde
Rio de Janeiro – RJ
CEP 20080-090
Telefax: (21) 2263-0685
e-mail: coord@ov.ufrj.br
site: http://acd.ufrj.br/ov

Pós-graduação

INSTITUTO NACIONAL DE PESQUISAS ESPACIAIS – INPE
Avenida dos Astronautas, 1758
Jardim da Granja
São José dos Campos – SP
CEP 12227-010
Tel.: (12) 3945-6846 Fax: (12) 3945-6850
e-mail: chico@das.inpe.br
site: www.inpe.br

OBSERVATÓRIO NACIONAL – ON
Rua General José Cristino, 77
São Cristóvão
Rio de Janeiro – RJ
CEP 20921-400
Telefax: (21) 2589-7463
e-mail: cpg@on.br
site: www.on.br

UNIVERSIDADE DE SÃO PAULO – USP
Contato: ver **Graduação**

UNIVERSIDADE FEDERAL DE MINAS GERAIS – UFMG
Avenida Antônio Carlos, 6627
Campus da Pampulha
Belo Horizonte – MG
CEP 30123-970
Tel.: (31) 3499-5637 Fax: (31) 3499-5600
e-mail: pgfisica@fisica.ufmg.br
site: www.fisica.ufmg.br

UNIVERSIDADE FEDERAL DE SANTA CATARINA – UFSC
Campus Universitário
Trindade
Florianópolis – SC
CEP 88040-900
Tel.: (48) 331-9758 Fax (48) 331-9068
e-mail: cpgf@fsc.ufsc.br
site: www.fsc.ufsc.br

UNIVERSIDADE FEDERAL DE SANTA MARIA – UFSM
Faixa de Camobi, km 9
Santa Maria – RS
CEP 97105-900
Tel.: (55) 220-8305 Fax: (55) 220-8032
e-mail: pgfisica@mail.ufsm.br
site: www.ufsm.br/pgfisica

UNIVERSIDADE FEDERAL DO PARANÁ – UFPR
Centro Politécnico – Bloco 2 – 1º andar
Jardim das Américas
Curitiba – PR
CEP 81531-990
Tel.: (41) 361-3092 Fax: (41) 361-3418
e-mail: posgrad@fisica.ufpr.br
site: http://fisica.ufpr.br

UNIVERSIDADE FEDERAL DO RIO DE JANEIRO – UFRJ
Contato: ver **Graduação**

UNIVERSIDADE FEDERAL DO RIO GRANDE DO NORTE – UFRN
Campus Universitário
Centro de Ciências Exatas e da Terra (CCET)
Natal – RN
CEP 59072-970
Tel.: (84) 211-9217 Fax: (84) 215-3791
site: www.dfte.ufrn.br

UNIVERSIDADE FEDERAL DO RIO GRANDE DO SUL – UFRGS
Avenida Bento Gonçalves, 9500
Porto Alegre – RS
CEP 91501-970
Tel.: (51) 3316-6431 Fax: (51) 3316-7286
e-mail: cpgfis@if.ufrgs.br
site: www.if.ufrgs.br/pos/

Extensão

CENTRO FEDERAL DE EDUCAÇÃO TECNOLÓGICA – CEFET (Campus de Campos)
Rua Doutor Siqueira, 273
Parque Dom Bosco
Campos dos Goytacazes – RJ
CEP 28030-130
Tel.: (22) 2733-3255 Fax: (22) 2733-3079
e-mail: webmaster@cefetcampos.br
site: www.cefetcampos.br
"Especialização em ensino de astronomia"

INSTITUTO NACIONAL DE PESQUISAS ESPACIAIS – INPE
Contato: ver **Pós-graduação**

OBSERVATÓRIO NACIONAL – ON
Contato: ver **Graduação**

UNIVERSIDADE DE SÃO PAULO – USP
Contato: ver **Graduação**
"Astronomia: uma visão geral" (professores do ensino fundamental e médio, e
  público em geral)
"Introdução à astronomia astrofísica" (estudante universitário da área de exatas)

UNIVERSIDADE ESTADUAL DE LONDRINA – UEL
Campus Universitário
Londrina – PR
CEP 86051-990
Tel.: (43) 3371-4266 Fax: (43) 3328-4440
e-mail: defranca@uel.br
"Curso superior de complementação de estudos em astronomia"

UNIVERSIDADE FEDERAL DE OURO PRETO – UFOP
Praça Tiradentes, 20
Centro
Ouro Preto – MG
CEP 35400-000
Telefax: (31) 3559-3119
e-mail: seaop@em.ufop.br
site: www.seaop.em.ufop.br
"Especialização em ensino de astronomia"
"Curso superior de complementação de estudos em astronomia" (seqüencial)

UNIVERSIDADE FEDERAL FLUMINENSE – UFF
Departamento de Cartografia – Campus Praia Vermelha
Avenida Litorânea, s/n
Boa Viagem
Niterói – RJ
CEP 24210-340
Telefax: (21) 2620-5039
e-mail: gcg@vm.uff.br
site: www.uff.br/ceg/cursos.htm
"Laboratório de astronomia"

Este livro foi composto na tipologia Filosofia
Regular, em corpo 11/15, e impresso em papel
Offset 90g/m² no Sistema Cameron da Divisão
Gráfica da Distribuidora Record.

Seja um Leitor Preferencial Record
e receba informações sobre nossos lançamentos.
Escreva para
RP Record
Caixa Postal 23.052
Rio de Janeiro, RJ – CEP 20922-970
dando seu nome e endereço
e tenha acesso a nossas ofertas especiais.

Válido somente no Brasil.

Ou visite a nossa *home page*:
http://www.record.com.br